ZHONGGUO NONGYE
TANJIANPAI BUCHANG JIZHI GOUJIAN
YU ZHICHI ZHENGCE YANJIU

中国农业

碳减排补偿机制构建与支持政策研究

田 云◎著

U0246144

中国财经出版传媒集团

经济科学出版社
Economic Science Press

图书在版编目（CIP）数据

中国农业碳减排补偿机制构建与支持政策研究/田云著．—北京：经济科学出版社，2021.11

ISBN 978 - 7 - 5218 - 3053 - 8

Ⅰ.①中…　Ⅱ.①田…　Ⅲ.①农业 - 二氧化碳 - 减量 - 排气 - 补偿机制 - 研究 - 中国　Ⅳ.①S210.4②X511

中国版本图书馆 CIP 数据核字（2021）第 230486 号

责任编辑：孙丽丽　纪小小
责任校对：易　超
责任印制：范　艳

中国农业碳减排补偿机制构建与支持政策研究
田　云　著
经济科学出版社出版、发行　新华书店经销
社址：北京市海淀区阜成路甲 28 号　邮编：100142
总编部电话：010 - 88191217　发行部电话：010 - 88191522
网址：www.esp.com.cn
电子邮箱：esp@esp.com.cn
天猫网店：经济科学出版社旗舰店
网址：http://jjkxcbs.tmall.com
北京密兴印刷有限公司印装
710×1000　16 开　10.5 印张　170000 字
2021 年 11 月第 1 版　2021 年 11 月第 1 次印刷
ISBN 978 - 7 - 5218 - 3053 - 8　定价：42.00 元
（图书出现印装问题，本社负责调换。电话：010 - 88191510）
（版权所有　侵权必究　打击盗版　举报热线：010 - 88191661
QQ：2242791300　营销中心电话：010 - 88191537
电子邮箱：dbts@esp.com.cn）

摘　要

近年来，全球气候变化一定程度上引发了海平面上升，造成了森林植被破坏，提高了农业灾害与极端天气（如干旱、洪涝等）的发生频率，同时还增大了疾病传播的可能性，影响了人类健康。这些不利影响的存在使得世界各国开始认识到了节能减排的重要性，并逐步倾向于共同应对全球气候变化。2015年12月，《联合国气候变化框架公约》第21次缔约方会议在法国巴黎落幕，会上一致通过了2020年后的全球气候变化新协定——《巴黎协定》，它从气温的上升幅度控制、气候变化背景下的适应能力提升以及减排资金的流向路径三个方面确立了全球应对气候变化威胁的总目标。作为全球气候治理的积极参与者，中国不仅签署并承诺履行该协定，甚至早在巴黎大会召开之前就已向世界宣布了自主减排目标。而基于当前国际宏观减排目标与我国绿色发展战略现实诉求的双重约束，加快碳减排步伐已显得刻不容缓。虽然第二、第三产业是碳排放的主要来源，但快速发展的农业在其中也扮演了重要角色。为此，我们既要解决困扰已久的工业高能耗与高排放问题，还需契合时代发展要求，大力推进农业生产低碳转型。而厘清当前农业碳排放现状及特征、设计合理的农业碳减排策略则是实现这一目标的基本前提。

鉴于此，第一，本书在测算我国农业碳排放与碳汇量的基础上，厘清各自现状特征与空间差异；第二，测度我国农业碳排放权总量，并基于各地区减排成本的不同完成对农业碳排放权的省域分配，同时综合评估碳排放权匮乏地区的农业碳减排压力；第三，尝试探索补贴与奖惩结合模式下的农业碳减排补偿机制，并以31个省（区、市）作为研究对象进行实证检验；第四，基于低碳发展视角厘清农户节能减排生产意愿与行为，并围绕各自影响机理展开系统剖析；第五，在借鉴国外先进经验的基础上，完成农业碳减排支持政策体系的设计，以期为我国科学应对农业碳减排压力、深入贯彻农业生态文明与可持续发展理念、着力实现农业生产低碳转型等一系列实际工作提供必要的数据支撑与政策参考。具体而言，本书研究内容主要分为问题提出与农业碳排放/碳汇现状分析（第1~3章）、农业碳排放权省域分配与减排压力评估（第4章）、补贴与奖惩结合下的农业碳减排补偿机制构建（第5章）、低碳发展视域下农户节能减排生产意愿及行为分析（第6章）、农业碳减排支持政策体系构建与未来展望（第7~9章）五大部分。

通过系统研究，形成以下主要结论：（1）我国农业碳排放量总体处于上升趋势而强度则呈下降态势，传统农业大省尤其是粮食主产省区仍是主要来源地；农业碳汇量总体也处于上升趋势且省域间差异明显。（2）我国31个省（区、市）的农业碳排放权分配数额表现出了极大差异，其中仅有10地初始余额呈现出盈余状态，余下地区则表现出一定程度的匮乏。（3）农业碳减排补偿机制倘若付诸实施，绝大多数省份都能从中享受实惠且以河南、山东获益最丰，而西藏、青海、福建3地却需承担数额不低的罚金。（4）认知程度、未来预期对农户农业低碳生产意愿均产生了显著影响；而农户是否具有低碳生产行为主要与户主个人特征、家庭特征紧密相关。（5）推进农业碳减排工作需从多方着手，既要注重宏观政策体系的引领与中观协同平台的构建，也要关注涉农主体农业低碳生产技术的选择偏好。

目　录

第1章 导论

1.1 选题背景与研究意义

1.1.1 选题背景

近年来，全球气候变化一定程度上引发了海平面上升，造成了森林植被破坏，提高了农业灾害与极端天气（如干旱、洪涝等）的发生频率，同时还提升了疾病传播的可能性，影响了人类健康。这些不利影响的存在使得世界各国开始认识到了节能减排的重要性，并逐步倾向于共同应对气候变化所带来的各种危害。2015 年 12 月，于法国巴黎召开的《联合国气候变化框架公约》第 21 次缔约方会议一致通过了 2020 年后的全球气候变化新协定——《巴黎协定》，它是继《联合国气候变化框架公约》和《京都协议书》之后，人类社会在应对气候变化进程中达成的第 3 个具有较强法律约束力的协定。该协定从全球气温的上升幅度控制、气候变化背景下的适应能力提升以及减排资金的流向路径三个方面确立了全球应对气候变化威胁的总目标（宋英，2016）。而在后续召开的马拉喀什气候会议、波恩气候会议和卡托维兹气候会议上，各国经过多轮磋商和谈判，基本就《巴黎协定》的程序性议题、实施模式等细节达成一致，这为接下来各项要求的全面落实指明了方向。作为全球气候治理的积极参与者和发展中的大国，中国不仅签署并承诺履行该协定，甚至早在巴黎大会召开之前就已向世界宣布了自主减排目标，即于 2030 年左右使我国二氧化碳（CO_2）排放量达到峰值并同时确保单位国内生产总值（GDP）的温室气体排放量较 2005 年下降 60%～65%。该减排承诺强调了中国减排力度的全面升级，展现了一个大国在应对全球气候变化危机中的责任与担当。

第二、第三产业虽是导致碳排放量持续增加的主要原因，但快速发展的农业也在一定程度上加剧了碳排放。政府间气候变化专门委员会（IPCC，2007）评估结果显示，全球 13.5% 的温室气体源于各类农业生产活动（Norse，2012）。而在中国，这一比重甚至高达 16%～17%（赵文晋等，2010；田云等，2013），且总量仍处于增长态势。这与我国过于依赖化肥、农药、农膜等生产资料投入的传统农业生产模式紧密相关；此外，也受到农地利用方式转变、农业废弃物处理不当（如秸秆焚烧）等的影响。在 2017 年党的十九大报告中，我国政府特别提出要大力推进绿色发展，并力争通过法律制度的不断完善与各项保障政策的有效引导逐步建立起绿色、低碳、循环发展的综合经济体系。从中不难窥见，基于当前国际宏观减排目标与我国绿色发展战略现实诉求的双重约束，加快碳减排步伐已显得刻不容缓。在这一过程中，我们既要解决困扰已久的工业高能耗与高排放问题，还需契合时代发展要求，大力推进农业生产低碳转型。而厘清当前农业碳排放现状及特征、设计合理的农业碳减排策略则是实现这一目标的重要前提。

近年来，关于农业碳排放问题已形成了较为丰硕的研究成果，一系列原创性结论的获取为广大学者系统了解中国农业碳排放现实特征、深入探析其演变规律与内在驱动机理提供了重要参考。不过，我们也需清醒地认识到，现有研究更多的是着眼于农业碳排放自身及其与农业经济之间的相互关系，而较少有学者围绕其减排问题展开系统探讨，仅有的一些与之相关的研究也多聚焦于各省级行政区的农业碳减排潜力测度，而未将公平性、效率性以及可行性等原则系统地纳入农业碳排放以及碳减排问题的研究之中。同时，在减排策略的设计上也较为笼统，而未考虑地区差异以及区域间的协同共进。有鉴于此，本书将在考察我国农业碳排放现状及特征的基础上，重点围绕农业碳减排补偿机制展开探讨，而后结合微观研究并借鉴国外先进经验，完成农业碳减排支持政策体系的构建。

1.1.2　研究意义

对农业碳减排的补偿机制与支持政策展开探讨具有较强的理论引领与现实指导意义，重点表现在以下三个方面：

其一，探究农业碳减排的补偿机制与支持政策，为农业碳问题研究提供了新视角，拓展了当前资源与环境经济的研究领域。目前，围绕农业碳问题的研究主要集中在碳排放的现状梳理、影响因素分析及其与经济增长、产业结构间的互动关系剖析，农业碳排放绩效评估、空间效应及收敛性分析，低碳农业发展的理论探讨与水平测度，以及农户低碳生产技术的采纳意愿与行为等视角，在一定程度上实现了理论与实证、宏观与微观的双重结合。但同时，我们也需正视现有研究的不足，即少有学者围绕农业碳减排问题展开深度探究，仅有的研究也主要聚焦于碳减排潜力的测度与宏观政策的引导，而未兼顾减排过程中的公平性与效率性，并基于生态补偿与区域协同视角进行思考。本书在进一步厘清我国农业碳排放现状与典型特征的基础上，围绕农业碳减排的补偿机制与支持政策展开探讨无疑是对现有研究的一大补充，在切入视角选择、研究框架构建等方面均体现出了较强的理论意义。

其二，从研究内容来看，兼顾了农业碳排放与碳汇的有效测度、农业碳排放权的省域分配、补贴与奖惩结合下的农业碳减排补偿机制构建与支持政策设计，全面系统且实现了理论分析与实证检验的有机统一。当前，虽有大量学者围绕农业碳排放抑或碳减排问题展开研究，但切入视角相对单一，少有学者将农业碳排放、农业碳排放权、农业碳减排补偿机制以及涉农主体低碳生产意愿及行为等纳入同一分析框架而形成相对系统的研究体系。为此，本书一是在测算我国农业碳排放与碳汇量的基础上，厘清各自现状特征与空间差异；二是对我国农业碳排放权总量进行系统测度，并基于各地区减排成本的不同完成对农业碳排放权的省域分配，同时综合评估碳排放权匮乏地区的农业碳减排压力；三是尝试探索补贴与奖惩结合模式下的农业碳减排补偿机制，并以 31 个省（区、市）作为研究对象进行实证检验；四是基于低碳发展视角厘清农户节能减排生产意愿与行为，并围绕各自影响机理展开系统探究；五是基于本研究的相关结论并结合国外先进经验，完成农业碳减排支持政策体系的设计。与已有研究相比，本书内容安排充实，框架设置合理，理论阐述与实证检验均有涉及，所获取的研究结论能极大丰富农业碳问题的研究体系。

其三，从研究成果来看，得益于选题的前瞻性特点，其研究结论能够为政府部门加快农业碳减排步伐提供一定的决策参考。长期以来，由于相关研究的系统性不够，使得我们难以提出一些针对性较强的策略来推进农业碳减排工作，而现有文献显然已无法满足公众的认知需求，同时也不利于政府在推进农业低碳生产进程中做出更为科学的决策。本书通过分析农业碳排放的现状特征与地区差异，有助于客观了解我国农业碳排放现实表征特点及潜在减排压力，而探究农业碳减排的补偿机制与支持政策则利于今后探索出契合时代背景的减排路径。更为重要的是，由于选题所具有的前瞻性，其研究结论将为我国科学应对温室气体减排压力、着力实现农业生产低碳转型等一系列实际工作提供重要支撑，表现出了较强的现实指导意义。

1.2 研究目标与内容

1.2.1 研究目标

本书将在进一步厘清我国农业碳排放与碳汇现状及特征的基础上，重点围绕农业碳排放权的省域分配、补贴与奖惩结合下的农业碳减排补偿机制展开探讨，而后结合微观研究结果并借鉴国外先进经验，完成最终农业碳减排支持政策体系的构建。具体而言，将实现以下主要研究目标：

（1）系统把握我国农业碳排放、农业碳汇的现状特征与空间差异。在进行科学核算的基础上，一方面，拟从总量、强度和结构三个维度探讨农业碳排放的时序演变规律和空间分异特征，同时基于产业结构视域完成对我国各省级行政区农业碳排放的公平性评价；另一方面，厘清农业碳汇的时序演变轨迹与空间分异特征。

（2）全面实现农业碳排放权的省域分配及初始空间余额的区域比较。通过省区分配模型的构建完成农业碳排放权的省域分配，而后与当前各省区实际农业碳排放量进行比对，明确各自的初始空间余额，以为后续碳减排补偿机制的构建提供数据支撑。

（3）立足于补贴与奖惩相结合的模式完成农业碳减排补偿机制的构建。具体而言，在完善农业碳汇补贴制度的基础上，将其与农业碳排放权奖惩制度进行组合，形成新型农业碳减排补偿机制，并以 31 个省（区、市）作为研究对象进行实证检验。

（4）宏观引导与微观激励有机结合，完善农业碳减排支持政策体系。厘清影响农户节能减排生产意愿与行为的关键动因，同时借鉴国外的先进经验与做法，完成最终农业碳减排支持政策体系的设计。

1.2.2　研究内容

本书拟通过 5 部分内容详细阐述中国农业碳排放权分配现状、补贴与奖惩结合下的农业碳减排补偿机制构建与支持政策体系完善等。各部分具体内容如下：

第一部分：问题提出与农业碳排放/碳汇现状分析。首先，对国内外背景进行客观介绍，论证本书选题的科学性与现实紧迫性，同时从选题视角、内容组成以及研究成果的潜在价值等多个维度阐述本研究的理论价值与现实指导意义。其次，系统阐述本书的研究目标、内容以及采用的主要分析方法，在此基础上完成技术路线的构建，并探讨研究可能的创新之处。再次，结合已有研究成果及个人研究基础，完成对本书核心概念的准确界定，以确保研究对象的针对性；同时，从农业碳排放测算及基本特征、农业碳排放绩效评价与减排潜力、外部环境与农业碳排放关系、低碳农业与低碳生产行为等多个维度梳理国内外相关文献，了解当前研究动态并展开简要评述，以进一步升华本书研究意义。最后，在参照已有测算指标体系的基础上，完成对我国以及 31 个省（区、市）2000～2017 年农业碳排放与碳汇量的有效测度，并归纳各自演变特征，具体从五个方面展开：一是中国农业碳排放时序演变轨迹分析；二是中国农业碳排放地区差异及主要特征探讨；三是产业结构视角下的农业碳排放区域公平性评价；四是中国农业碳汇时序演变轨迹分析；五是中国农业碳汇省域差异及特征剖析。

第二部分：农业碳排放权省域分配及减排压力评估。首先，基于大量的文献查阅并结合笔者自身的理论探讨，在遵循公平性、效率性与可行性原则的前提下，完成对农业碳排放权省区分配指标体系的构建。其次，在对原始数据进行标准化处理的基础上，选用熵值法确定各细化指标所对应的具体权重；同时，考虑到各地区之间既存在相似性又表现出一定区别，为此选用多指标聚类分析法（本书中实际采用 K – 均值聚类分析法）将特征相似的省区划分到同一区组，以便后续进行深入分析。再次，基于中国政府对未来的减排承诺，并结合农业碳排放现状以及自身对未来农业经济增长的科学预期，完成对我国 2017～2030 年各年份农业碳排放权总量的有效测度；而后在优先确定各区组农业碳排放权分配额度的基础上，基于边际减排成本的不同完成对各个省级行政区农业碳排放权的最终分配。然后，将各省级行政区 2017～2030 年理论农业碳排放权年平均值与其 2017 年实际农业碳排放量相减，所产生的差额可大致界定为各地区在 2017 年时间点上的农业碳排放权初始空间余额；倘若两者差值为负数，则表明该省份存在碳排放赤字，属于农业碳排放权匮乏地区，反之即说明该地区存在农业碳排放权盈余。最后，拟从碳减排现状、经济发展水平、政策支持力度 3 个不同维度系统构建评价指标体系，并利用主成分分析法完成对各碳排放权匮乏地区农业碳减排压力的综合评估。

第三部分：补贴与奖惩结合下的农业碳减排补偿机制构建。众所周知，农业生产部门兼具碳源与碳汇的双重属性，由此决定了其减排路径会区别于第二、第三产业，增汇减排才是其最为合适的手段。那么，为更好地实现增汇减排，进而加快推进农业碳减排步伐，激励机制与奖惩制度均不可少。其中，激励机制可尝试以农业碳汇补贴的形式予以落实，通过其价值的评估与实现反哺农业生产者；而奖惩制度可通过碳补偿金的形式予以实现，以各省级行政区的碳排放权初始空间余额作为依据，盈余地区获得碳补偿金，而匮乏地区则需缴纳碳罚金。有鉴于此，本部分以此为切入点，基于补贴与奖惩的双重视角围绕农业碳减排补偿机制的构建展开系统研究。具体而言，首先，重点阐述实施农业碳减排工作的现实必要性与可能的路径选择方式，以此引出后续研究内容。其次，围绕本部分研究目的展开理论分析，主要论述构建农业碳减排补偿机制的背景与必要性、所应坚持的基本原则以及内容构成与实现路径。然后，陈述研究方法与数据来源，一方面重点介绍农业碳汇与农业碳排放权的定价及实施方法，尤其要说明各自定价的原始依据与科学性；另一方面则系统阐述研究所需原始数据的具体出处。最后，结合实证结果展开系统分析，依次完成农业碳汇补贴额度与补贴标准的省域比较、农业碳排放权奖惩额度的省域比较以及农业碳减排补偿机制的综合比较与基本评述等研究内容的具体分析工作。

第四部分：低碳发展视域下农户节能减排生产意愿及行为分析。在推进农业生产低碳转型的过程中，政策保障与财政支持固然重要，但我们也不能忽视微观农业生产主体在其中所扮演的重要角色。事实上，立足于必要的政策引领与财政、技术支持，让农业生产者广泛应用各类农业低碳生产技术、切实践行低碳生产行为才是实现农业碳减排的根本所在。近年来，虽然我国各类农业合作经营组织正蓬勃发展且规模不断壮大，但当前以小农经济为主的农业发展模式仍未从根本上改变，普通农户依旧是从事农业生产的第一行为主体。为此，有必要围绕农户农业低碳生产问题展开探索。具体而言，本部分内容将从两方面展开：一是在厘清农户农业低碳（即节能减排）生产意愿的基础上识别其关键影响因素。具体而言，基于武汉周边地区的微观调研数据，在准确把握农户农业低碳生产意愿及典型特征的同时，运用 Logistic 模型重点考察认知程度、未来预期两类核心变量以及以户主个人、家庭特征等为代表的一些控制变量对农户低碳生产意愿的影响。二是系统探究农户农业低碳生产行为并剖析其影响机理。具体而言，基于湖北省黄冈市蕲春县的微观调研数据，以化肥施用和农药使用为例，借助 Logistic 模型深度解析户主个人、家庭以及环保态度与社会关系网络特征三类不同解释变量对农户低碳生产行为的具体影响，并从中厘清影响农户行为选择的关键动因。

第五部分：农业碳减排支持政策体系构建与未来研究展望。首先，通过大量的文献梳理，对国外在农业碳减排领域的一些典型经验与做法进行总结，并从中归纳出一些有益做法以供我国借鉴。具体而言，可从两个维度展开：一是政策制度层面，重点归纳美国、日本以及欧盟等国家和区域组织为了加快推进农业碳减排工作而在政策设计、立法建设以及制度创新方面所做出的努力及其成效；二是工程技术层面，系统归纳其他国家在实施农业碳减排进程中所习惯采用的一些低碳生产技术及各种减排型农机具。在此基础上，结合我国国情，从支持政策设计与制度保障、财政扶持与税收优惠、农业低碳生产技术研发与推广、碳交易平台构建与农业碳汇补贴制度实施等视角进行启示归纳。其次，基于各章节内容的主要研究结论，从三个层面构建农业碳减排支持政策体系：一是宏观政策引领，着力于顶层设计，对我国未来农业碳减排工作的战略方向进行总体把握，制定相关规划并明确阶段任务。二是中观省域之间农业碳减排工作的协同共进，考虑到各地区农业碳减排进度参差不齐，有必要根据不同省域的特点制定差异化的减排路径，以确保不同地区农业碳减排工作能同步推进。三是微观技术推进，在洞悉农业生产者技术偏好的基础上，加大对农业低碳生产技术的研发力度，同时强化宣传与教育，鼓励农业生产者广泛采用各类低碳生产技术，切实推进农业生产过程的低碳化。最后，在系统总结与阐述本书主要研究结论的同时，结合自身研究经历指出全书撰写所存在的一些不足，并展望未来研究动向。

1.3 研究方法与技术路线

1.3.1 主要研究方法

本书尝试理论阐述与实证分析的有机结合，并注重文献归纳法、数理统计方法与计量经济学方法的综合运用。具体而言，主要采用以下几类研究方法：

（1）文献资料查阅法。一方面，系统收集与整理有关农业碳排放现状特征与时空差异、农业碳减排促进政策与实现路径、低碳农业发展水

平测度与未来战略选择、农业碳排放与经济增长的相互关系、农户农业
低碳生产意愿及技术采纳行为等研究领域的相关文献，并对其进行系统
梳理与评述，从中厘清当前研究动态、所达到的研究水平、典型方法运
用、研究所存在的不足以及国外经验与启示等。另一方面，查阅相关统
计年鉴，搜集宏观层面的基础数据，以为本研究的顺利开展提供必要的
数据支撑。

（2）实地问卷调查法。问卷调查是取得一手数据的重要手段。结合本
书研究目标，先后组织两次实地调研活动，一次以武汉周边地区农户作为
调研对象，重点就户主个人特征、家庭基本情况、农业生产方式、农业发
展水平、对农业低碳生产的基本认知以及低碳农业发展前景的未来预期等
问题进行随机抽样调查；另一次则以黄冈市蕲春县的农户作为调研对象，
主要围绕户主个人特征、家庭基本特征、农户低碳生产行为、环保态度与
农户社会关系网络等问题展开随机抽样调查。通过两次实地调查，可获取
大量的一手微观数据，能为后续实证研究的顺利开展提供数据保障。

（3）数理统计与计量分析方法。对数理统计和计量分析方法的合理运
用有助于增强研究的说服力。为此，本书也将尝试运用各类数理统计与计
量分析方法，但具体到各部分，方法的选用又有所不同。其中，第 3 章将
采用碳核算和碳汇核算统计方法完成各省级行政区农业碳排放量与碳汇量
的全面测度。第 4 章将利用熵值法确定农业碳排放权省域指标的具体权重，
运用 K - 均值聚类分析法完成对各省级行政区的大区分组，利用基于方向
性距离函数的影子价格模型确定各地区碳的影子价格；待各省区明确农业
碳排放权分配数额之后则基于统计分析方法核算各地区的初始空间余额，
并运用主成分分析法完成对初始余额匮乏地区农业碳减排压力水平的综合
评估。第 6 章将运用 Logistic 模型识别影响农户农业低碳生产意愿及生产行
为的关键性因素。

1.3.2　技术路线

基于核心研究内容与相关分析方法的介绍，本书将整个研究分为前期
研究准备与理论探讨、农业碳排放现状及特征、农业碳减排补偿机制构

建、农户低碳生产意愿及行为特征、促进农业碳减排的支持政策设计 5 个不同阶段，具体技术路线如图 1 - 1 所示。

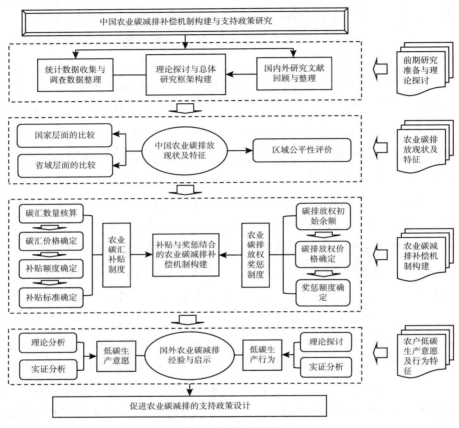

图 1 - 1　技术路线

1.4　可能的创新之处

（1）研究选题层面，本书以农业碳汇生态补偿机理与农业碳排放权省域分配为突破口，围绕农业碳减排补偿机制的创新构建与支持政策体系的设计展开探讨，为农业碳排放问题研究提供了新的研究视角。根据笔者所掌握的资料，目前虽有不少学者围绕农业碳排放问题展开研究，但更侧重于基本现状描述与一般规律探索，而缺少对农业碳减排路径的深度探究，同时也少有学者将农业碳排放权省域分配作为农业碳减排政策构建的基本前提。本书在厘清我国农业碳排放现状特征的基础上，以构建农业碳减排补偿机制、设计农业碳减排支持政策为最终目标，先后围绕农业碳排放权的省域分配与减排压力评估、补贴与奖惩结合下的农业碳减排补偿机制构建、低碳发展视域下农户节能减排生产意愿及行为探究、国外农业碳减排的经验与启示等问题展开探讨，在研究问题的切入视角和研究内容上均具有较强原创性。

（2）研究方法层面，为了确保最终研究目的的实现，本书综合运用了多种分析方法，并实现了组合运用，在一定程度上体现了方法使用层面的创新。如在构建农业碳排放与农业碳汇测算指标体系时使用了文献查阅法和专家访谈法；厘清农业碳排放现状及特征时运用了碳核算分析法与比较分析法；确定农业碳排放省域分配方案时运用了熵值法、K－均值聚类分析法以及基于方向性距离函数的影子价格模型等方法；评估碳排放权初始余额匮乏地区农业碳减排压力时使用了专家访谈法、主成分分析法；识别影响农户农业低碳生产意愿及生产行为关键因素时采用了 Logistic 模型；设计农业碳减排支持政策与保障体系时运用了文献查阅法、比较研究法、归纳演绎法以及实地调研法等各类方法。

（3）在分析框架与研究体系上，本书虽主要着眼于中观层面补贴与奖惩结合下的农业碳补偿机制研究，但也兼顾了宏观现状把握与微观农户调查，在一定程度上实现了三者的有机结合。宏观层面，厘清我国农业碳排放现状及时序演变规律，明晰亟须达到的减排目标，以此作为研究缘起；同时系统测度我国总的农业碳排放权数量，作为省域分配的依据。中观层面，一方面强化各省级行政区在农业碳排放量、碳排放权及其初始空间余额上所表现出的地区差异性；另一方面则将属性相近的省份划分到同一组别，这为完成区域协同碳减排机制与政策保障体系的双重构建奠定了坚实基础。微观层面，通过深度了解农户的基本诉求，制定针对性策略，以提升其采用农业低碳生产技术的意愿。

第2章
概念界定与文献梳理

由于接下来需要围绕农业碳减排问题展开深度研究，有必要对相关核心概念进行准确界定。为此，本章将在参考已有研究成果并借鉴其核心观点的基础上，结合自身研究经历与个人理解，分别对农业碳排放、农业碳排放权的理论内涵进行合理界定，以便更好地凸显本书研究目的。与此同时，本章还将从农业碳排放测算及基本特征、农业碳排放效率评估与减排潜力、外部因素与农业碳排放关系、低碳农业与农业低碳生产行为四个方面对已有文献展开梳理，了解当前研究动态并展开简要评述，以进一步提升本书研究意义。具体而言，本章内容分为两节：第一节为概念界定，对农业碳排放等一些核心概念进行必要阐述；第二节为文献综述，厘清当前研究动态并明晰其局限性，在此基础上指出本研究予以扩展的主要内容。

2.1 概念界定

2.1.1 农业碳排放

对农业碳排放量进行准确测度是实施农业碳排放权省域分配并完成碳减排补偿机制构建与支持政策设计的基本前提，而在此之前需对其概念进行合理界定。目前，国内外已取得了大量有关农业碳排放的研究成果，但由于其基本构成相对复杂，使得少有学者对其理论内涵进行探讨与梳理。从国内来看，早期少有"农业碳排放"这一提法；相比较而言，"农田温室气体排放"的提法更受广大学者（王敬国，1993；宋文质等，1996；徐新华等，1997；江英，2001）认同，并一时成为研究热点。后来，随着国际环境的变化以及低碳经济理念的逐步兴起，"农业碳排放"这一提法才见诸于电视节目、报纸、期刊以及一些通俗读物（李国志、李宗植，2010；李波等，2011）。但稍显不足的是，在分析过程中学者们一定程度上忽视了对农业碳排放的理论解读，而习惯通过先入为主的方式确定农业碳排放边界，在此基础上明晰碳源因子并对其进行测算（田云，2014）。由于各自聚焦点选择的不一致，导致了四类不同观点的形成：一是能源消耗论，认为农业碳排放即农业生产过程中耗费的各类能源所引发的二氧化碳（CO_2）排放（李国志、李宗植，2010；戴小文等，2015；史常亮等，2017）；二是农用物资投入论，认为农业碳排放是由化肥、农药等农用物资的大量投入所引起（李波等，2011；李立等，2013；张志高等，2017）；三是农地利用论，认为农业碳排放是涉农主体在农地利用活动中直接或间接引发的温室气体排放（田云等，2011；朱亚红等，2014；赵先超等，2018）；四是农业生产论，认为农业碳排放是指所有农业生产活动所引发的一切温室气体的集合（闵继胜、胡浩，2012；Tian et al.，2014）。综合各位学者对农业碳排放的基本诠释并结合本书研究目的以及笔者自身的已有研究基础，将农业碳排放界定为：农业生产者在从事农业生产与畜禽养殖过程中所直接或间接引发的温室气体排放，主要涉及碳、甲烷和氧化亚氮。

2.1.2 农业碳排放权

关于农业碳排放权的概念界定，目前学术界并无相关陈述。但鉴于不少学者曾研究过碳排放权问题，从中我们可以窥视一二。为此，在界定"农业碳排放权"基本概念之前，有必要对"碳排放权"的理论内涵及其形成过程进行系统梳理。追溯历史成因，"碳排放权"这一提法的出现与《联合国气候变化框架公约》（以下简称《公约》）的正式签订及通过密切相关。《公约》对未来全球减排目标进行了明确设定，即确保大气中的CO_2浓度能稳定在气候系统免受危险的人为干扰水平上。为了实现这一目标，一方面亟须强化宏观政策引导与支持，另一方面则需将各项政策与措施全力转化为相关责任主体的实际行动，即依据国际法约束目标为各行为主体设定相适应的权利和义务。碳排放权这一说法的原始雏形正是在此背景下应运而生，并于 1997 年由《京都协议书》正式予以确定，初期多被称作"温室气体排放权"，后期才逐步演变为"碳排放权"。具体而言，碳排放权是指缔约方国家应遵照议定书规定，不能突破碳排放数量约束，但在量化限制内却拥有温室气体排放与大气环境容量资源使用的相对自由。结合相关领域的研究可知，目前碳排放权的含义主要有发展权和排放权两类。其中，前者代表着人权下的发展权，是指为了满足某国及其国民生活和发展需要而必须向大气中排放各类温室气体的权利；它更介于道德权利，而非严格的法律权利。后者是指对大气或大气环境容量的使用权，该权利可通过法律规定被私有化，并进入市场进行交易，从而实现整个社会低成本排放控制的目的；此类碳排放权是当前理论研究和实践应用的主流，具有法律、经济和财务性质。需要说明的是，西方国家在碳交易实践中并未采用排放权概念，而习惯于"排放许可交易"这一说法。结合碳排放权的基本概念，本书对农业碳排放权作如下定义：国家在兼顾公平与效率的基础上，赋予各个省级行政区一定限额的农业碳排放量，而在量化限制范围内该省区可自由地排放温室气体和使用大气环境容量资源。

2.2 文献综述

结合当前研究现状，拟从农业碳排放测算及基本特征、农业碳排放效率评估与减排潜力、外部因素与农业碳排放关系、低碳农业与农业低碳生产行为为四个方面对已有文献展开梳理并加以分析，同时阐明本书可予以拓展的核心内容。

2.2.1 农业碳排放测算及基本特征

一是农业碳排放测算指标体系的编制与逐步完善。其中，有不少学者立足于相对单一的视角完成了农业碳排放测算指标体系的构建，如韦斯特

（West，2002）着眼于化肥、农药、灌溉以及种子培育等基本农资投入来考察种植业碳排放；一些国内学者也从农业能源消耗（李国志、李宗植，2010；庞丽，2014；戴小文等，2016；史常亮等，2017）、农用物资投入（田云等，2011；李立等，2013；孔立等，2016；张志高等，2017）、农地利用活动（田云等，2011；李俊杰，2012）、畜禽养殖（刘月仙等，2013；陈瑶、尚杰，2014；周晶等，2018；Cai et al.，2018）等某一方面来探究其温室气体排放。综合来看，上述研究虽然指标体系构建相对简单，但部门针对性较强，有助于我们就特定领域的温室气体排放问题展开深度剖析。另一些学者则着眼于大农业范畴完成农业碳排放测算指标体系的构建，如约翰逊等（Johnson et al.，2007）认为农业碳排放主要源自未曾资源化利用的农业废弃物、畜禽养殖、涉农能源利用、水稻种植以各类生物质燃烧 5 个大的方面；基于国外已有研究成果，国内学者在充分兼顾我国农业生产实践的情况下完成了农业综合碳排放指标体系的构建，该体系基本涵盖了农业生产的主要部门（以种植业、畜牧业为主），可细分为涉农物资投入、水稻种植、畜禽养殖以及土壤碳排放四个方面（谭秋成，2011；闵继胜、胡浩，2012；田云等，2012；文清等，2015；陈慧等，2018）；与此同时，考虑到农业废弃物的非合理处置一定程度上会加剧温室气体排放，有学者（吴贤荣等，2017）将秸秆焚烧也纳入农业碳排放的测算指标体系之中。总体而言，上述测算方法均考察较为全面，其核算结果基本能反映当前农业碳排放现状，但由于涉及二级指标较多且各自碳排放系数来源渠道不一，客观上也导致了相互之间的测算结果存在一定差异。

二是农业碳排放典型特征及驱动机理探究。美国环保局（EPA）根据约翰逊等（2007）所构建的指标体系，测算了美国由于农业生产活动所引发的碳排放量，结果发现其中约半数与农地利用活动相关，近 1/3 源自畜禽养殖。联合国政府间气候变化专门委员会（IPCC）第四次评估报告（2007）显示，农业生产部门是导致全球温室效应的第二大气体来源，但其所占比重在各个国家却不尽相同，大多介于 7% ~ 20%，这主要受农业生产方式和生产规模的双重影响（Tasman，2009）。维斯尼夫斯基（Wisniewski，2018）则评估了波兰的农业碳排放量，研究发现农业生产部门对该国碳排放总量的贡献率为 14%。具体到农业碳排放来源，土地利用方式或结构的转变（Macleod，2010），以及化肥、农药的使用（Franks and Hadingham，2012）扮演着相对重要的角色，但各自占比情况却因时因地而异。李国志和李宗植（2010）、李波等（2011）、闵继胜和胡浩（2012）、张广胜和王珊珊（2014）、吴贤荣等（2017）先后对我国农业碳排放量进行了综合测度，并探究了其动态演变轨迹与地区差异特征。系统研究表明，21世纪以来，中国农业碳排放总量总体呈现上升趋势但年际间伴随一定起伏，而碳排放强度却表现出持续下降趋势，至于碳排放结构，主要表现为农用物资投入碳排放持续增加而其他组成部分处于轻微增长或虽经历波动起伏但最终数值变化不大。具体到31个省（区、市），其碳排放总量与强度均表现出了极大差异（庞丽，2014；吴贤荣等，2014；曹俊文，2016），其中总量方面传统农业大省尤其是粮食主产区一般排位靠前，强度方面则呈现"西高东低"的特征（田云等，2012）。在此基础上，有不少学者借助Kaya恒等式、LMDI模型等方法深度探究导致农业碳排放总量发生变化的关键性因素（谭秋成，2011；文清等，2015）。研究表明，从全国层面来看，经济增长是导致农业碳排放量持续增加的第一因素，而效率、劳动力因素在一定程度上抑制了碳排放量的增长，相比而言结构因素所产生的影响较小（Tian et al.，2014）。至于区域层面，文清等（2015）、何秋艳和戴小文（2016）深入探究了各省（区、市）农业碳排放的驱动机理，发现其在时间和空间维度上均存在明显地区差异。与此同时，还有一些学者曾利用核密度函数与空间自相关模型围绕农业碳排放的地区差距与分布动态演进等问题进行考察。研究发现，我国农业碳排放的地区差距总体呈现下降态势但其降幅相对有限，同时东、中、西部地区表现出了截然不同的演变轨迹（刘华军等，2013；田云等，2014）。陈慧等（2018）以江苏为例分析了其县域层面的农业温室气体排放空间格局变动与时空分异演变，结果表明，该省农业碳排放总量呈现逐步集聚特征，而碳排放强度却逐步均衡化，至2014年已表现出相对离散特征。

2.2.2　农业碳排放效率评估与减排潜力

一是农业碳排放效率评估与分析。考察农业碳排放效率，一般做法是将农业碳排放作为非期望（也可称为"非合意"）产出纳入农业全要素生产率的分析框架之中，所测算出来的效率值虽然被界定为环境规制下的农业生产率，但也可称为农业碳排放效率。其中，钱丽等（2013）、李博等（2016）先后基于我国各省级行政区的面板数据考察了碳排放约束下的农业生产效率。结果表明，各地区存在极大差异，其中超过60％的省份农业生产属于"低经济、低环境效率"类型。而揭懋汕等（2016）则基于县域尺度围绕这一问题展开了探讨，发现碳排放约束下的生产率虽低于传统农业生产率但两者差距正呈现逐步缩小态势。高鸣和宋洪远（2015）则在探究我国农业碳排放效率的同时重点分析了其空间效应，发现近年来虽总体绩效值略有提升但区域非均衡性现象仍较为突出，且表现出空间集聚效应与"俱乐部"收敛效应；程琳琳等（2016）在对中国农业碳生产率进行测度的同时对其空间相关性进行了考察，发现省域间表现出了较强的空间自相关性，同时溢出效应也较为明显。进一步，吴昊玥等（2017）进行了随机收敛性检验，发现从全国层面来看随机性收敛并不存在，但具体到东部、中部、西部地区却非如此，均呈现出了俱乐部式随机性收敛态势。与此同时，也有一些学者曾围绕农业的某一部门或者某一类作物生产的碳排放效率展开深度探究，如吴贤荣等（2017）利用方向性距离函数方法分析了我国种植业的碳生产效率，研究表明，中部地区和东部地区水平较高且正趋向于平稳，但西部地区却处于相对较低水平。刘勇等（2018）利用 DEA－SBM 模型探讨了我国水稻生产的碳排放效率，发现总体呈现提升趋势，且受稻作制度的显著影响。王劼、朱朝枝（2018）基于32个国家的面板数据，围绕农业碳排放效率的国际比较展开了分析，研究发现，不仅发展中国家农业碳排放效率水平普遍偏低，即使发达国家也并未如学术界预估那样表现出高效率，其中市场规模、人力资本以及农业机械化程度均显著有利于碳排放效率水平的提升。除此之外，还有不少学者曾围绕农地利用的碳排放效率（游和远、吴次芳，2014；孙英彪等，2016；匡兵等，2018）、产业聚集与农业碳排放效率的相互关系（程琳琳等，2018；张哲晰、穆月英，2019）等问题展开探讨。

二是农业碳减排潜力与效应研究。主要围绕三个方面展开探讨：（1）农地利用方式革新与土壤固碳潜力探析。如王小彬等（2011）深入剖析了农地利用管理措施对土壤固碳潜力的影响，发现通过秸秆还田、有机肥的施用以及少耕、免耕技术的广泛运用均有助于固碳减排潜力的大幅提升。格雷斯等（Grace et al.，2012）除了一般测度外，还着重分析了土壤固碳潜力的影响机理，发现其减排效应不容小觑。朱宇恩等（2017）以山西为例评估了其主要农业生物质资源的潜在固碳能力，研究揭示，该省农作物秸秆、畜禽粪便以及作物加工副产品三种核心生物质资源共计拥有 1228.10 万吨 CO_2 当量的固碳潜力，约等同于全省一年温室气体排放总量的 2.5%。（2）种养殖模式创新与其碳减排潜力评估。石生伟等（2010）在科学评估稻田温室气体碳排放现状的基础上围绕其减排模式展开了研究，发现优化稻田水肥管理措施可有效降低其温室气体排放。李夏菲等（2015）以湖北油菜生产为例，系统评估了测土配方施肥技术所拥有的减排潜力，测算发现，广泛采用该技术可使当前农田温室气体排放量减少 13.98%。辛格等（Singh et al.，2016）通过对印度西北部水稻—玉米轮作系统连续多年的实地调查发现，降低耕作强度和保留农作物残茬的做法可使每公顷土壤有机碳含量增加 2.86 吨。杨璐等（2016）以湖北作为研究对象，评估了粪便管理方式改进所能带来的减排潜力，结果表明，至 2020 年减排水平可达 322.78 万吨二氧化碳当量。除此之外，还有不少学者（邓明君等，2016；张灿强等，2016；朱宁等，2018）在综合评估我国化肥利用减排潜力的基础上，重点指出了其能否减排成功的关键所在。（3）宏观层面的农业碳减排潜力探究。其中，田伟等（2014）对我国潜在的农业碳减排力度与规模进行了比较分析，研究发现，中部地区的潜在规模最大，尤其是河南、安徽、河北等省。吴贤荣等（2015）围绕中国农业碳排放减排潜力展开了探究，发现各地区减排成本差异较大，且决策者对于公平与效率偏好的不同会导致各省区减排责任分摊机制存在差异。潘安（2017）考察了中国农产品贸易所引发的碳减排效应，结果发现，通过开展农业贸易，我国在 1995~2011 年间累计减少了 29.14% 的二氧化碳排放量，但稍显遗憾的是近些年其减排效应呈缩小趋势。除此之外，还有不少学者曾围绕农田碳减排潜力（李长江等，2013）和畜牧业碳减排潜力（郭娇等，2017）展开了探究。

2.2.3　外部因素与农业碳排放关系

一是农业经济发展与其碳排放关系研究。一些学者（李波，2012；颜廷武等，2014；吴贤荣、张俊飚，2017；吴金凤、王秀红，2017；Han et al.，2018；赵先超、宋丽美，2018）重点探讨了农业经济增长对农业碳排放数量变化的影响，总体研究揭示，农业经济发展在一定程度上导致了其碳排放数量的显著增加，不过从长远来看必然会出现拐点。苏洋等（2014）以新疆为例，解析了其畜牧业温室气体排放与农业经济增长之间的相互关系。研究表明，总体呈现出以明显"多种脱钩类型并存""弱脱钩为主""强脱钩为主"为代表的三阶段变化特征。另有一些学者则着重剖析了产业发展与农业碳排放间的相互关系，其中高鸣、陈秋红（2014）系统分析了贸易开放、人力资本与农业碳排放绩效之间的相互关系，发现贸易开发在一定程度上阻碍了碳排放效率的提升，而人力资本所起作用正好相反。田云等（2014）探讨了中国种植业碳排放与其产业发展间的相互关系，发现两者之间存在协整关系，即长期均衡，但短期内会偏离长期均衡，需借助外力调整。胡中应和胡浩（2016）分析了产业集聚度对农业温室气体排放的影响，发现前者使得后者表现出了先增后减的倒"U"型特征；董明涛（2016）则探究了我国产业结构与农业碳排放之间的关系，发现两者之间总体存在较强的关联效应，但不同省份却表现出一定差异；奥乌苏和阿苏马杜·萨科迪（Owusu and Asumadu-Sarkodie，2017）分析了加纳农业产业结构与碳排放之间的关系，发现其二氧化碳排放量波动主要源自玉米生产的冲击。陈银娥、陈薇（2018）系统探讨了机械化、产业升级与农业碳排放三者之间的互动关系，研究揭示，农业机械化能有效促进产业升级，而产业升级在推进农业机械化进程的同时却也加剧了农业碳排放。与此同时，还有学者考察了技术进步对农业碳排放量的现实影响，其中杨钧（2013）基于省级面板数据进行了实证检验，发现农业技术进步虽在一定程度上诱发了农业碳排放总量的提升，但也促使了碳排放强度的降低。姚成胜等（2017）探究了黑龙江省科技投入对其农业碳排放量的影响，结果表明，科技投入明显抑制了农业碳排放量的增长，但其作用效应存在一定程度的滞后。胡中应（2018）系统考察了技术进步与技术效率对中国农业碳排放的综合影响，研究发现，两者均促使了农业碳排放强度的显著下降，从具体运行模式来看，技术效率的减排作用一般通过规模效率驱动。

二是农地利用对农业碳排放的影响研究。一方面，耕作制度、种植模式的不同会导致农业碳排放量呈现一定差异（Lal，2004）。里贾纳和阿拉库库（Regina and Alakukku，2010）比较了不同田间作业情境下的农业碳排放量，发现传统耕作制度与免耕制度、传统水稻种植模式相比，有机水稻种植模式所引发的碳排放量更多。另一方面，农地利用方式的变化也是引发农业碳排放量变化的重要原因（Woomer et al.，2004）。其中，杨庆媛（2010）通过分析发现，不同的土地利用方式会导致农业碳排放量的增减变化，如农地转化为非农用地、农地集约利用程度提升等均有可能导致碳排放总量的显著增加；相反，植树造林、退耕还林还草则可减少碳排放。加尔森等（Carlson et al.，2012）进一步分析表明，农地利用变化由于在带来经济收益的同时通常也会引发碳排放量的增加，这一特质使得农户必须在两者之间进行博弈与权衡。李波、张俊飚（2012）考察了农地利用方式变化所引发的碳效应特征，结果表明，我国每年由于建设占用所引发的碳排放量年均递增2.23%。许恒周等（2013）实证分析了农地非农化对农业碳排放的影响，发现农地非农化程度的提升会导致农业碳排放量的显著增加，这一情形在我国中、西部地区表现尤为突出。董捷等（2015）以武汉城市圈为例，探讨了农地城市流转、土地资源配置与其碳排放间的相互关系，发现农地城市流转显著激化了土地资源配置的内在矛盾，进而使得区域碳排放量呈现出增加态势。龙云、任力（2016）基于田野实证调查进一步论证，农地流转活动通常会诱发农业碳排放量的增加，但不同地区差异明显。李波等（2018）在厘清中国农地利用结构碳效应的基础上剖析了其演进趋势，发现虽总体处于增长态势，但地区间农地利用方式的不同却又导致各自碳效应存在明显差距。王剑等（2018）则系统考察了黄土高原地区农地利用变化与其碳排放之间的互动关系，结果表明，两者的灰色关联序为耕地居首，草地紧随其后，而未利用地、水域以及林地依次排在第3~5位。进一步，王剑等（2019）还以西北5省为例，考察了耕地集约利用与农业碳排放之间的耦合关系，研究发现各地区的耦合协调发展程度均呈现出"先升后降"趋势且总体变化幅度不大，而耦合协调发展类型则由碳排放优先型逐步转变为耕地集约利用优先型。

2.2.4 低碳农业与农业低碳生产行为

一是低碳农业理论内涵、水平测度与实现路径研究。首先是有关低碳农业的概念界定与理论阐述，综合一些学者的观点可知，低碳农业是指充分运用技术、政策与管理等多种措施，在实现农业产出持续增长的同时，尽可能提高农业碳汇能力，并减少农用品投入水平、降低农业温室气体排放的一种新型现代化农业生产方式（王松良等，2010；赵其国等，2011）。陈昌洪（2016）则在厘清低碳农业标准化概念和特征的基础上，系统分析了其发展的有利条件和限制约束。而后，随着低碳农业理念的逐步普及与深入人心，不少学者开始通过构建相关指标体系完成对其发展水平的综合测度。其中，曾大林等（2013）基于 DEA 模型测度了中国低碳农业绩效水平，发现省域间差异明显，绝大多数地区存在较大的提升空间。陈瑾瑜等（2015）、朱玲等（2017）借助层次分析法（AHP）先后评估了四川和江苏的低碳农业发展水平，结果表明，两地低碳农业近些年均得到了较快发展，其整体水平甚至要高于全国平均水平。陈儒等（2017）基于我国低碳试点省市的面板数据评估了各自低碳农业发展水平，在此基础上剖析了其时空变化趋势。研究发现，受农业投入要素冗余影响，低碳农业并未如大家预期的那样实现有效发展。与此同时，另有不少学者则聚焦于低碳农业未来发展路径与具体策略的探讨。在这其中，一些学者着眼于宏观层面的路径探讨与未来目标设定。例如，许广月（2010）认为，推进低碳农业发展必须坚持三点，即强化农民的主体地位、充分发挥政府的主导作用、不断完善技术支撑体系。刘静暖等（2012）基于产业维度归纳了有助于我国低碳农业发展的三大促进模式，即产业链互动、碳汇农业以及立体农业。纳斯（Norse，2012）认为农业生产活动中应减少对农用化学物资的依赖，多加利用替代性清洁能源，加大碳封存力度，政策制定层面应逐步消除不正当补贴，引入价格激励制度。杨果、陈瑶（2016）通过多任务委托—代理模型的有效引入，设计出了一套涵盖政府激励与行为约束并适用于新型农业经营主体低碳农业参与的全新激励机制，以此来确保农业生产能兼顾经济效益、环境效益和社会效益。卡洛斯等（Carlos et al.，2017）通过系统研究，明晰了南美洲未来3个阶段（2016～2020年、2021～2035年以及2036～2050年）农业低碳发展在缓解全球气候变暖以及保障粮食安全方面所应发挥的积极作用，并为此制定了阶段性目标。也有学者重点关注微观层面的低碳农业生产模式。在他们看来，有机农业（Weiske，2007）和集约化农业（Jennifer et al.，2010）是较为常见的低碳农业生产方式。西格梅尔等（Siegmeier et al.，2015）通过研究发现，沼气一体化有机农场不仅能够实现可再生能源供应，还能在确保粮食产量增加的同时控制温室气体排放。索纳萨等（Zornoza et al.，2016）基于大量试验论证，有效的灌溉节水系统不仅利于环境保护并产生较强的经济效应，同时还有助于农业土壤碳排放的减少以及土壤固碳能力的提升。

二是农业低碳生产技术与相关农户行为研究。关于这一领域的研究，国内外学者表现出了一定差异。其中，国内学者主要基于以下两方面展开探讨：（1）农户低碳生产技术的选择意愿、行为及其成因。其中，米松华等（2014）基于微观实证分析揭示，气候变化认知水平、农技推广服务以及小农信贷的可获得性等因素均显著影响了农户对各类低碳减排技术的选择意愿。侯博、应瑞瑶（2015）通过构建结构方程模型系统探究后发现，农户是否具有低碳生产意愿不是由单个因素所决定，而是受到行为态度、主观规范以及知觉行为控制等各类变量的交互影响，而且是否具备低碳生产意向会显著影响农户后续的低碳生产行为。田云等（2015）分析了影响农户农用物资减量型低碳生产技术使用的主要因素，发现其使用与户主性别、务农年限以及家庭耕地面积紧密相关。乔金杰等（2016）探究了政府补贴对农户农业低碳生产技术采用的干预效应，发现其具有显著的促进作用。陈儒、姜志德（2018）立足于传统的计划行为理论，重点围绕农户低碳生产技术的后续采用意愿展开了深入剖析，发现总体采用频率较高，受农业生产项目和农民经营主体的双重影响。徐婵娟等（2018）重点分析了外部冲击、风险偏好对农户农业低碳生产技术采用的影响，实证结果表明，两者对农户农业低碳生产技术的决策选择具有显著负向效应，且风险偏好进一步激化了外部冲击的负面影响。（2）农业低碳生产行为及其影响机理分析。杨红娟、徐梦菲（2015）基于少数民族聚集地区的调查数据，剖析了影响当地农户低碳生产行为的关键性因素，发现其是否倾向于低碳生产与自身务农收入水平、农地经营面积等因素紧密相关，同时还受到周围人处事方式的影响。樊翔等（2017）、苏向辉等（2017）重点解析了家庭禀赋特征对农户低碳农业生产行为的影响，结果表明，户主信息资源拥有度、学历程度等因素均具有显著的正向促进作用。李波、梅倩（2017）基于湖北农村调查数据，深入分析了农户的碳行为方式现状及特征，发现当地现有农户中的大约半数选择了低碳生产行为，而且相比一般农户，有过相关培训经历的家庭参与低碳生产的比例更高。国外学者则更为注重探究农业低碳生产技术的运用及成效。朱莉安娜等（Juliana et al.，2015）探讨了农民对作物—牲畜（或林业）综合系统这一低碳生产技术的采用及影响机理，发现采用频率仍存在较大提升空间，主要受生产战略与自身文化程度的影响。约翰等（John et al.，2016）评估了小规模分布式气化技术在农用机器使用过程中的运用效果，发现其能大幅降低柴油使用量，进而实现农业低碳生产。卡拉塔等（Carauta et al.，2018）通过研究发现，特定的信贷条件有助于加速低碳农业系统的扩散。

2.2.5　文献评述与启示

综上所述，已有研究呈现出如下特点和趋势：（1）关于农业碳排放测算及基本特征的研究，国内外学者在构建测算指标体系的基础上，对美国、波兰、中国农业生产领域的碳排放量进行了全面测度，并分析了其时空特征、结构特征、驱动机理等，但受限于指标选择的差异与局限性，导致同一地区的测算结果也不尽相同。为此，进一步完善农业碳排放测算指标体系将成为研究趋势。（2）关于农业碳排放绩效评价与减排潜力的研究，目前已形成了一定数量的成果，其中国内学者主要着眼于农业碳生产率与宏观层面碳减排潜力的分析，国外学者更多聚焦于微观层面的碳减排潜力探究；农业投入产出指标的合理选择与宏微观碳减排潜力的结合研究是今后亟须深入探讨的两大选题。（3）关于外部因素与农业碳排放关系的研究，国内外学者着重探讨了经济发展、产业水平或者结构以及农地利用方式变换等因素对农业碳排放数量的现实影响，并形成了一系列有价值的研究结论。但稍显不足的是，综合探讨多个不同类型因素与农业碳排放关系的成果相对较少，而这也有可能成为未来研究的一个趋势。（4）关于低碳农业与低碳生产行为的研究，国内外学者基本实现了定性与定量、宏观与微观、理论与实证的有机结合，其中国内学者相对侧重于低碳农业的宏观评价与农户微观生产行为的探讨；国外学者更为关注低碳生产激励机制、具体模式的构建以及低碳生产技术的效果评价，两者互补有可能成为今后的研究趋势。

总体而言，目前关于农业碳排放问题已取得了大量研究成果，这为我们深入了解农业碳排放现状与特征，并逐步完善农业碳减排策略奠定了坚实基础。但同时，现有研究仍存在一定的局限性，主要体现在三个方面：其一，农业碳排放测算指标体系在广度和精度层面仍存在一定欠缺，亟须进一步完善；其二，关于农业碳减排的相关研究更多是着眼于边际减排成本的测度与相关技术路径的探索，而未兼顾减排过程中的公平性与效率性，并基于区域协同视角进行思考；其三，在具体农业碳减排路径或策略的构建上，少有学者能做到宏观政策把握与微观机理探析的有机结合，同时对国外先进经验的重视程度也显不够。为此，本书将在科学测度我国农业碳排放量并分析其现状的基础上，重点围绕农业碳减排补偿机制的理论构建与实证检验展开探讨，而后结合微观研究并借鉴国外先进经验，完成农业碳减排支持政策体系的构建。具体而言，本书拟从以下5方面进行扩展：（1）农业碳排放测算指标体系的科学编制与碳排放量的全面测度、系统分析；（2）农业碳排放权分配的指标体系构建与实际分配方案的确定；（3）农业碳减排补偿机制的理论构建与补偿收益的测算与比较；（4）结合低碳发展背景，考察农户农业低碳生产意愿及行为并分析各自影响因素；（5）宏观引导与微观激励有机结合，完成农业碳减排支持政策体系的设计。

第**3**章

中国农业碳排放/碳汇现状及特征分析

系统核算当前农业碳排放、碳汇量是探究农业碳排放权省域分配的基本前提。鉴于此，本章将在参照已有测算指标体系的基础上，完成对我国及各省级行政区 2000～2017 年农业碳排放与碳汇量的有效测度，并归纳其演变特征。具体而言，本章内容由四节构成：第一节为农业碳排放、碳汇测算指标体系的编制与数据来源。在对已有测算方法进行系统梳理的基础上，完成农业碳排放和农业碳汇测算体系指标的选取与对应系数的确定，同时厘清各类原始数据的具体出处。第二节为中国农业碳排放现状与特征分析。具体而言，首先，基于总量、强度以及结构三个不同维度系统分析 2000～2017 年我国农业碳排放的动态变化并归纳其阶段特征；其次，在厘清 31 个省（区、市）2017 年农业碳排放总量、强度及结构差异的同时，探究各自在 2000～2017 年的总体变化情况；最后，基于各地区的农业碳排放与农业总产值占比情况，考察各自农业碳排放、种植业碳排放以及畜牧业碳排放的经济贡献系数，以此判断其碳排放公平性与否。第三节为中国农业碳汇现状与特征分析。一方面，测度我国农业碳汇现状并厘清其时序演变特征；另一方面，考察 31 个省（区、市）的农业碳汇量差异，并分析各自在 2012～2017 年间的动态变化特征。第四节是对本章内容进行总结。

3.1 农业碳排放/碳汇测算指标体系构建与数据来源

3.1.1 农业碳排放测算指标体系编制

3.1.1.1 农业碳排放测算方法回顾

关于农业碳排放测算指标体系的探讨，国外学者涉足相对较早，初期主要着眼于化肥、农药等农用物资的投入以及灌溉、种子培育所导致的能源消耗（West，2002）；随着研究的不断深入，农业碳排放的概念边界也逐步扩大，除了受能源耗费影响外，还与农业废弃物、畜禽养殖、水稻种植以及生物燃烧等因素紧密相关（Johnson et al.，2007）。相比而言，国内学者对此研究起步较晚，受工业碳排放测算思路的影响，农业能源碳排放最早受到一些学者的关注（李国志、李宗植，2010），具体涉及煤炭、焦炭、原油、柴油、天然气等常用能源；而后，有学者重点围绕种植业生产活动中农用物资投入碳排放展开测算，其碳源构成主要包括化肥、农药、农膜、农用柴油等直接农资以及农业灌溉所引发的间接农资（田云等，2011；李俊杰，2012）；与此同时，随着畜禽养殖污染防治理念的逐步兴起，畜牧业碳排放测算也引发了不少学者的关注（刘月仙等，2013），牲畜品种主要包含牛、猪、羊、家禽等。

单一维度的测算体系虽能客观反映某一生产部门的农业碳排放现状，但却不利于该问题的系统性探究。为此，有学者开始着眼于大农业范畴的碳排放测度，重点涉及种植业、畜牧业两大产业部门，来源构成相对多元化。但是，在具体指标选择上，不同研究又呈现一定差异，主要分为三类：一类是从水稻种植、畜禽养殖、土壤碳库破坏、农用物资投入4个方面进行考察，细分指标较为全面（谭秋成，2011；闵继胜等，2012）；另一类则剔除了土壤碳库破坏，重点考察水稻种植、畜禽养殖以及农用物资投入3方面的碳排放量，具体涉及近20类碳源（田云等，2012）；除此之外，还有学者在已有测算指标体系的基础上增加了秸秆焚烧所导致的碳排放（吴贤荣等，2017）。以上三类测算体系各有优劣，在实际研究中均得到了较为广泛的运用，但各自细化指标的具体构成与碳排放系数的精准与否仍需进一步考量。

综合来看，农业碳排放测算指标体系编制经历了一个由单一到全面的发展过程，其中农用物资投入与畜禽养殖碳排放的测算框架已趋于一致，仅在细化指标的选择上有所差异，各自对应的碳排放系数也区别不大。相比较而言，水稻种植与土壤碳库破坏碳排放却一直饱受争议。其中，前者主要在于排放系数出处较多且差异较大，后者主要源于其系数多为实验数据而与常规性分析较难匹配。至于秸秆焚烧的碳排放测度，目前仍面临较多质疑，其根源在于相关年鉴以及其他一些权威出处均缺少对各地秸秆焚烧数量的统计，多以经验估算替代，而这显然会对最终测算结果产生重大影响。有鉴于上述原因，在后续农业碳排放测算指标体系的编制过程中，暂不考虑土壤碳库遭受破坏、秸秆焚烧所导致的碳排放量，同时在水稻种植碳排放系数的选择上也力求来源渠道的权威性与数值的可靠性。

3.1.1.2 农业碳排放测算指标体系编制

结合农业生产的部门特征，将从两方面对农业碳排放进行有效测度：一是种植业（即小农业）碳排放，其排放源主要涉及农用物资投入与水稻种植。其中，前者主要涵盖化肥、农药、农膜、农用柴油以及灌溉用电 5 个维度，所对应系数主要来源于田云（2013）的相关研究，唯一的区别是在参照一些工业碳排放研究成果（张伟等，2013；田中华等，2015；王长建等，2016）的基础上对柴油碳排放系数进行了必要更新；后者则主要探析水稻在生长发育过程中所产生的甲烷（CH_4）排放，为了确保测算结果的客观和准确，特选择能体现地域和熟制差异的排放系数，具体出自闵继胜、胡浩（2012）的相关研究。二是养殖业碳排放，重点考察畜禽饲养过程中由于其肠道发酵和粪便管理所引发的 CH_4 和氧化亚氮（N_2O）排放，而不考虑前期动物室舍建设等活动所可能导致的间接碳排放。具体涉及牛（含水牛、肉牛、奶牛）、马、驴、骆驼、猪、羊（含山羊、绵羊）以及家禽等主要畜禽品种，由于数据难以获取，不包括兔、狐狸等一些特种动物养殖，相关排放系数均出自 IPCC。据此，构建农业碳排放测算公式如下：

$$C = C_1 + C_2; \quad C_1 = \sum C_{1i} = \sum T_{1i} \times \delta_{1i}; \quad C_2 = \sum C_{2i} = \sum T_{2i} \times \delta_{2i}$$

$$(3.1)$$

式（3.1）中，C、C_1、C_2 分别表示农业碳排放总量、种植业碳排放总量和养殖业碳排放总量；C_{1i}、C_{2i} 分别表示每一类碳排放源所引发的种植业和养殖业碳排放量；T_{1i}、T_{2i} 表示每一类碳排放源的具体数量；δ_{1i}、δ_{2i} 则表示每一类碳排放源所对应的碳排放系数。关于测算所需的原始数据，化肥、农药等农用物资投入均以当年实际使用量为准，水稻种植也以当年实际播种面积为准，而畜禽饲养量则需考虑饲养周期差异，而后根据各自出栏量、年末存栏量对其年平均饲养量进行调整，具体调整方法参照闵继胜、胡浩（2012）等所提供的方法，在此不做过多陈述。同时，还需说明的是，为了方便进行加总，在实际计算中会将 CH_4 和 N_2O 统一折算成标准 C。[①]

3.1.2 农业碳汇测算指标体系编制

书中的农业碳汇主要考察农作物生长全生命周期中的二氧化碳（CO_2）吸收，而不考虑碳汇效应同样突出的林地和草地。究其原因，主要归结于两点：一是关于林地、草地碳汇的测算目前尚未形成相对统一的标准，不同机构所提供的系数值差异较大；二是相比农作物种植，林地、草地受人类活动的干预明显要弱化一些（田云等，2013）。据此，构建农业碳汇测算公式如下：

$$S = \sum_i^k S_i = \sum_i^k s_i \times Y_i \times (1 - r)/HI_i \qquad (3.2)$$

式（3.2）中，S 为农业碳汇总量；S_i 为某种农作物的碳汇；k 为农作物种类数；s_i 为各类农作物的碳汇系数；Y_i 为各类农作物的经济产量；r 为作

----

① 依据 IPCC 第四次评估报告，CH_4、N_2O 的 C 转换系数分别为 6.8182 和 81.2727。

物经济产品部分的含水量；HI_i 为各类农作物的经济系数。考虑到数据的可获取性，将涉及水稻、小麦、玉米、豆类、油菜籽、花生、棉花、薯类、甘蔗、甜菜、蔬菜、瓜类、烟草以及其他作物等具体农作物品种，各自所对应的碳汇系数与经济系数主要出自王修兰（1996）、韩召迎等（2012）和田云等（2013）的相关文献，详见表 3－1。

表 3－1　　　　　　　中国主要农作物经济系数与碳吸收率

品种	经济系数	含水量（%）	碳吸收率	品种	经济系数	含水量（%）	碳吸收率
水稻	0.45	12	0.414	薯类	0.7	70	0.423
小麦	0.4	12	0.485	甘蔗	0.5	50	0.45
玉米	0.4	13	0.471	甜菜	0.7	75	0.407
豆类	0.34	13	0.45	蔬菜	0.6	90	0.45
油菜籽	0.25	10	0.45	瓜类	0.7	90	0.45
花生	0.43	10	0.45	烟草	0.55	85	0.45
棉花	0.1	8	0.45	其他作物	0.4	12	0.45

3.1.3　数据来源与处理

农业碳排放量与碳汇测算所需原始数据均出自历年《中国农村统计年鉴》。其中，各类农用物资投入、各类农作物的经济产量以及水稻种植面积均以当年实际数据为准。而牲畜、家禽由于饲养周期存在差异，其年均饲养量需基于各自的实际出栏或者存栏情况进行一定调整。其中，对于出栏率较高且大于 1 的生猪和家禽，通常参照年内出栏量进行调整；而对于出栏率小于 1 的其他所有牲畜，其年平均饲养量则根据各自年末存栏状况进行合理调整。具体调整思路参照闵继胜等（2012）所提供的方法，在此不做具体阐述。此外，第一产业（大农业）生产总值、农业（种植业）总产值、农林牧渔总产值、农业增加值等数据也均源自《中国农村统计年鉴》，为了消除物价影响，在实际分析中将依照 2000 年不变价对其进行修正。

3.2 中国农业碳排放现状与特征分析

3.2.1 中国农业碳排放时序演变轨迹分析

根据之前所构建的公式，测算 2000～2017 年中国农业碳排放量如表 3－2 所示。结果显示，2017 年中国农业碳排放总量为 27781.61 万吨（约相当于 101865.90 万吨 CO_2 当量），较 2000 年的 24576.89 万吨增加了 13.04%，年均递增 0.72%。其中，种植业所导致的碳排放量为 17775.95 万吨，占到了农业碳排放总量的 63.98%；相比较而言，畜牧业所带来的碳排放量要明显少于种植业，为 10005.66 万吨，所占比重为 36.02%。农业碳排放强度一直呈现下降态势，每万元农业增加值所引发的碳排放量由 2000 年的 1669.92 千克降至 2017 年的 966.03 千克，累计减少了 42.15%。接下来，基于总量、强度以及结构等不同维度系统分析 2000～2017 年我国农业碳排放的动态变化特征。

表 3－2　　　　　　中国农业碳排放总量、结构及强度变化

年份	种植业		畜牧业		合计		碳排放强度	
	数量（万吨）	比重（%）	数量（万吨）	比重（%）	数量（万吨）	变化率（%）	强度（千克/万元）	变化率（%）
2000	13698.45	55.74	10878.44	44.26	24576.89	—	1669.92	—
2001	13684.02	56.02	10744.30	43.98	24428.32	−0.60	1617.76	−3.12
2002	13805.19	55.72	10969.10	44.28	24774.30	1.42	1597.54	−1.25
2003	13639.17	54.45	11409.54	45.55	25048.71	1.11	1577.38	−1.26
2004	14484.34	54.90	11897.87	45.10	26382.21	5.32	1565.84	−0.73
2005	14851.93	54.59	12352.03	45.41	27203.96	3.11	1536.26	−1.89
2006	15152.08	54.92	12435.47	45.08	27587.55	1.41	1486.57	−3.23
2007	15377.13	58.73	10807.23	41.27	26184.36	−5.09	1363.24	−8.30

年份	种植业		畜牧业		合计		碳排放强度	
	数量（万吨）	比重（%）	数量（万吨）	比重（%）	数量（万吨）	变化率（%）	强度（千克/万元）	变化率（%）
2008	15585.41	60.89	10012.70	39.11	25598.12	-2.24	1266.85	-7.07
2009	15883.14	60.77	10251.74	39.23	26134.87	2.10	1243.66	-1.83
2010	16196.04	61.06	10328.76	38.94	26524.80	1.49	1210.18	-2.69
2011	16469.44	61.55	10289.26	38.45	26758.70	0.88	1171.64	-3.18
2012	16692.75	61.61	10403.54	38.39	27096.29	1.26	1135.33	-3.10
2013	17491.05	62.71	10400.96	37.29	27892.01	2.94	1125.89	-0.83
2014	17670.73	62.57	10568.76	37.43	28239.50	1.25	1095.02	-2.74
2015	17767.34	62.92	10468.48	37.08	28235.82	-0.01	1053.78	-3.77
2016	17670.80	62.80	10466.15	37.20	28136.95	-0.35	1016.25	-3.53
2017	17775.95	63.98	10005.66	36.02	27781.61	-1.26	966.03	-4.97
平均增速	1.54%	—	-0.49%	—	0.72%	—	-3.17%	—

注：农业碳排放强度 = 农业碳排放量 ÷ 农业增加值，历年农业增加值按 2000 年不变价进行换算。

3.2.1.1　中国农业碳排放总量时序变化特征

图 3-1 呈现了中国农业碳排放总量在 2000～2017 年间的变化态势。综合来看，虽总体呈现较为明显的上升趋势，但同时也伴随着一定的波动起伏，结合其动态演变特征，可大致划分为四个阶段：（1）2000～2006 年为第一阶段，农业碳排放量年际变化虽存在起伏，但总体表现出了波动上升态势。具体而言，除 2001 年略有回落外，其他各年农业碳排放量均呈现明显增长趋势，最终由 24576.89 万吨增至 27587.55 万吨，年均增速高达 1.94%。随着各类农业支持政策的不断出台，农民生产积极性得到极大提高；受此影响，农用物资投入持续增加、水稻种植面积逐步恢复，农业经济增长明显加快，但同时一定程度上也加剧了农业温室气体排放。（2）2006～2008 年为第二阶段，农业碳排放量持续下降，由 27587.55 万吨降至 25598.12 万吨，年均递减 3.67%。牛、马等大牲畜饲养规模的减少以及畜禽养殖产业结构的优化调整是促使该阶段农业碳排放量持续回落

的主要原因。（3）2008～2014 年为第三阶段，农业碳排放量持续增加，并于 2014 年达到整个考察期（2000～2017 年）内的最大值（28239.50 万吨），此阶段年均增速为 1.65%。化肥、农药等农业投入品使用量的持续增加是促使该阶段碳排放量快速上升的关键动因。（4）2014～2017 年为第四阶段，农业碳排放量持续缓慢下降，由 28239.50 万吨降至 27781.61 万吨，年均递减 0.54%。畜禽养殖产业结构的进一步优化、农用物资投入增幅放缓甚至演变为负增长是促使该阶段农业碳排量持续减少的主要原因。总体而言，2000 年以来，我国农业碳排放量虽表现出了一定起伏，呈现出"波动上升—持续下降—持续上升—持续缓慢下降"的四阶段变化特征，但总体仍处于上升趋势。不过，结合 2014～2017 年的演变趋势以及国家对绿色发展战略、农业绿色生产的大力推行，可以大致判断，未来我国农业碳排放量有望告别"增长"态势，而步入"持续下降"阶段。

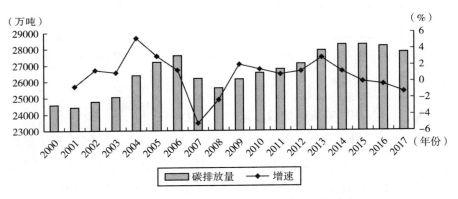

图 3 - 1　2000～2017 年中国农业碳排放总量变化

3.2.1.2　中国农业碳排放强度时序变化特征

图 3 - 2 呈现了中国农业碳排放强度在 2000～2017 年间的变化态势。从中不难发现，自 2000 年以来，我国农业碳排放强度一直处于下降态势，每万元农业增加值所导致的碳排放量由 1669.92 千克降至 966.03 千克，年均递减 3.17%。不过，具体到不同年份，其下降幅度又表现出一定差异。其中，以 2007 年降幅最大，该年农业碳排放强度较 2006 年减少了 8.30%；2008 年与 2017 年降幅分列 2、3 位，分别较前一年减少了 7.07% 和 4.97%；

除此之外的其他年份降幅均在4%以内。从演变特征来看，呈现"降速放缓"与"降速回升"的循环变化轨迹，其中2001～2004年、2007～2009年以及2011～2013年为"降速放缓"阶段，农业碳排放强度下降速度屡次探底，并于2004年创下最低值0.73%；2004～2007年、2009～2012年以及2013～2017年为"降速回升"阶段，农业碳排放强度降速历经持续放缓之后，在这三个阶段得到了有效恢复且屡创新高，并在2007年创下了整个考察期内的降幅最大值（8.30%）。

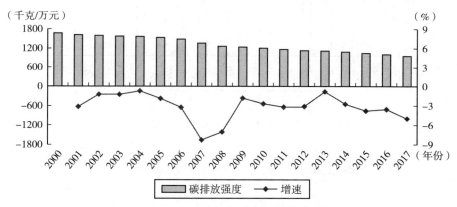

图 3 - 2   2000～2017 年中国农业碳排放强度变化

3.2.1.3   中国农业碳排放结构时序变化特征

前文将农业碳排放归为两类，即种植业碳排放与畜牧业碳排放，就总量而言，2000～2017年两者总体呈现"一增一降"格局。其中，种植业碳排放量处于增长态势，由13698.45万吨增至17775.95万吨，年均递增1.54%；从演变特征来看，除个别年份（如2001年、2003年、2016年）略有回落外，绝大多数时候均处于上升态势。而畜牧业碳排放量则略有下降，由10878.44万吨降至10005.66万吨，年均递减0.49%，同时在整个考察期内经历了多重增减反复，基于其变化特征可大致划分为波动上升期（2000～2006年）、快速下降期（2006～2008年）、波动上升期（2008～2014年）与持续下降期（2014～2017年）四个不同阶段，主要受畜禽饲养规模以及饲养品种变化的影响。图3-3则具体呈现了我国农业碳排放结构在2000～2017年间的演变态势。从中不难发现，虽年际间存在一定起伏，但种植业碳排放所占比重总体处于明显上升趋势，并由 2000 年的 55.74% 提升至 2017 年的 63.98%，结合其演变轨迹可大致划分为波动下降（2000～2003 年）、相对平稳（2003～2006 年）、快速上升（2006～2008 年）以及波动上升（2008～2017 年）四个不同发展阶段。

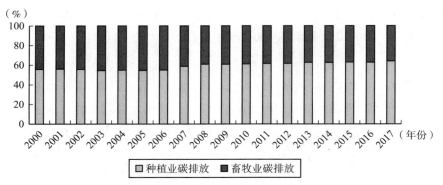

图 3 - 3 2000～2017 年中国农业碳排放结构变化

3.2.2 中国农业碳排放空间分异特征探讨

厘清中国农业碳排放省域差异对于科学构建减排路径意义重大。为此，测算我国 31 个省（区、市）2000～2017 年的农业碳排放量，并分析其强度与结构特征。受限于篇幅，此处仅列出我国各省（区、市）2017 年的农业碳排放总量、结构及强度状况，具体如表 3 - 3 所示。

表 3 - 3 2017 年中国 31 个省（区、市）农业碳排放总量、结构及强度

地区	种植业		畜牧业		合计		碳排放强度	
	数量（万吨）	占比（%）	数量（万吨）	占比（%）	数量（万吨）	排名	强度（千克/万元）	排名
北京	18.64	46.45	21.49	53.55	40.13	31	442.72	30
天津	45.87	59.13	31.71	40.87	77.58	30	563.29	28
河北	719.21	61.30	454.06	38.70	1173.26	11	678.31	23
山西	206.00	57.40	152.90	42.60	358.90	25	1097.72	13

续表

地区	种植业		畜牧业		合计		碳排放强度	
	数量 （万吨）	占比 （%）	数量 （万吨）	占比 （%）	数量 （万吨）	排名	强度（千 克/万元）	排名
内蒙古	434.17	35.81	778.24	64.19	1212.41	10	1530.50	5
辽宁	358.70	51.58	336.68	48.42	695.37	16	603.15	25
吉林	407.67	59.23	280.63	40.77	688.30	17	779.96	20
黑龙江	821.93	67.53	395.25	32.47	1217.18	9	1202.42	12
上海	74.00	84.82	13.25	15.19	87.24	29	1531.32	4
江苏	1391.63	88.67	177.85	11.33	1569.47	6	981.37	15
浙江	553.65	89.74	63.29	10.26	616.94	19	582.64	26
安徽	1399.88	85.79	231.82	14.21	1631.69	4	1218.84	10
福建	437.89	78.26	121.67	21.74	559.56	21	458.46	29
江西	1217.22	81.61	274.24	18.39	1491.46	8	1404.13	7
山东	905.90	59.83	608.18	40.17	1514.08	7	579.39	27
河南	1085.78	61.17	689.33	38.83	1775.11	2	689.80	22
湖北	1373.99	78.62	373.68	21.38	1747.68	3	1202.78	11
湖南	1433.41	74.06	502.03	25.94	1935.44	1	1246.70	8
广东	849.47	75.57	274.62	24.43	1124.09	13	650.49	24
广西	790.64	68.39	365.38	31.61	1156.02	12	948.31	17
海南	151.46	71.34	60.85	28.66	212.32	27	347.70	31
重庆	271.03	63.13	158.26	36.86	429.30	23	761.00	21
四川	758.97	47.28	846.20	52.72	1605.17	5	843.94	18
贵州	263.92	43.86	337.79	56.14	601.71	20	991.56	14
云南	465.67	43.25	611.14	56.76	1076.80	15	964.28	16
西藏	18.39	4.93	354.67	95.07	373.06	24	4992.79	1
陕西	362.67	67.25	176.59	32.75	539.26	22	803.82	19
甘肃	266.52	42.89	354.85	57.11	621.37	18	1243.37	9
青海	24.25	6.94	325.36	93.06	349.62	26	4088.44	2
宁夏	82.80	46.46	95.42	53.54	178.22	28	1602.49	3
新疆	584.60	52.06	538.24	47.94	1122.84	14	1486.98	6

注：农业碳排放强度＝农业碳排放量÷农业增加值，与前文保持一致，农业增加值按 2000 年不变价进行换算。

3.2.2.1 农业碳排放总量区域比较

由表 3－3 可知，2017 年农业碳排放量居于全国首位的地区是湖南，高达 1935.44 万吨；河南、湖北紧随其后位列 2、3 位，其碳排放量分别为 1775.11 万吨和 1747.68 万吨；安徽、四川、江苏、山东、江西、黑龙江以及内蒙古依次排在 4～10 位，其碳排放量分别为 1631.69 万吨、1605.17 万吨、1569.47 万吨、1514.08 万吨、1491.46 万吨、1217.18 万吨和 1212.41 万吨。通过加总可知，10 省（区）碳排放量之和占到了全国农业碳排放总量的 56.51%。农业碳排放量最低的地区是北京，仅为 40.13 万吨，差不多只相当于榜首湖南的 1/50；天津、上海两直辖市紧随其后分列倒数 2、3 位，其碳排放量均在 100 万吨以下，分别为 77.58 万吨和 87.24 万吨；宁夏、海南、青海、山西、西藏、重庆、陕西依次排在倒数 4～10 位，其农业碳排放量分别为 178.22 万吨、212.32 万吨、349.62 万吨、358.90 万吨、373.06 万吨、429.30 万吨和 539.26 万吨。加总显示，10 省（区、市）碳排放量之和只占全国农业碳排放总量的 9.52%。由此可见，不同地区农业碳排放量差异较大。从地区分布来看，农业碳排放主要源于传统农业大省尤其是粮食主产省区，而经济较为发达（如北京、天津、上海）或者相对落后的省区（如宁夏、青海、甘肃等地）农业碳排放量相对较低（见图 3－4）。

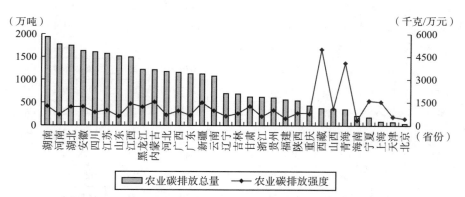

图 3－4　2017 年中国各省（区、市）农业碳排放总量及强度比较

3.2.2.2 农业碳排放强度区域比较

由于碳排放总量与农业生产规模密切相关，其实际数值通常难以客观反映一个地区农业生产低碳与否。为此，有必要对各省区的农业碳排放强度进行比较，以便更为客观地评估各个地区的实际碳排放程度。结合表 3-2、图 3-4 易知，我国 31 个省（区、市）农业碳排放强度表现出了极大差异且以西藏最高，其每万元农业增加值所导致的碳排放量高达 4992.79 千克，而海南最低，仅为 347.70 千克。基于绝对数值差异，并考虑到空间分布特点，可将 31 个省（区、市）划分为四个层次：（1）第一层次为万元农业增加值所引发碳排量超过 4000 千克的地区，仅包括西藏、青海两地。它们均位于我国高寒地区，农业发展以畜牧业为主，种植业规模极为有限，而受制于较为落后的农业生产方式以及相对恶劣的气候资源条件，导致其农业生产水平相对低下，呈现出较为明显的"低效益—高排放"特征。（2）第二层次为农业碳排放强度介于 1000~1700 千克/万元农业增加值的地区，包含宁夏、上海、内蒙古、新疆、江西、湖南、甘肃、安徽、湖北、黑龙江、山西 7 省 3 区 1 市，主要分布于我国华中和西北地区。上述地区农业碳排放强度均高于全国平均水平（966.03 千克），其形成原因是多方面的，或归结于农业生产水平较为滞后，或农业种植结构相对单一，或农用物资投入力度较大，或对农业的重视度不够等。（3）第三层次为农业碳排放强度介于 700~1000 千克/万元农业增加值的地区，包含贵州、江苏、云南、广西、四川、陕西、吉林、重庆 6 省 1 区 1 市，从区域分布来看，东、中、西部地区虽有涉及但以西部地区尤其是西南地区为主。（4）第四层次为万元农业增加值所导致的碳排放量低于 700 千克的地区，包含河南、河北、广东、辽宁、浙江、山东、天津、福建、北京、海南 8 省 2 市，大部分位于我国东部地区。综合来看，农业碳排放强度总体呈现西高东低的特征，具体表现为青藏地区最高、华中和西北地区紧随其后、西南地区相对较低、东部地区最低。

3.2.2.3 农业碳排放结构区域比较

由于我国幅员辽阔，跨越寒温带、中温带、暖温带、亚热带、热带 5

个不同气候带，同时地形复杂多样总体呈现"西高东低"的三级阶梯形态，导致不同省区农业产业结构存在较大差别，进而使得各地区农业碳排放结构也不尽相同。结合表 3－3、图 3－5 可知，种植业碳排放占比最高的地区是浙江，高达 89.74%，江苏、安徽以微弱劣势紧随其后分列 2、3 位，也达到了 88.67% 和 85.79%；相比而言，占比最低的地区是西藏，仅为 4.93%，青海、内蒙古排在倒数 2、3 位，分别为 6.94% 和 35.81%。根据各地农业碳排放构成差异，可将 31 个省（区、市）划分为三种类型：（1）种植业主导型地区，即指那些种植业碳排放占比超过 55% 的地区，包括浙江、江苏、安徽、上海、江西、湖北、福建、广东、湖南、海南、广西、黑龙江、陕西、重庆、河北、河南、山东、吉林、天津、山西 15 省 2 区 3 市。此类地区包含了绝大多数省份，这与当前我国仍以种植业为主的农业生产境况高度契合，这些地区中的多数种植业生产都占据相对主导地位，所引发的温室气体排放要明显高于其畜牧业碳排放。（2）畜牧业主导型地区，即指那些畜牧业碳排放占比超过 55% 的省区，包含西藏、青海、内蒙古、甘肃、云南、贵州 4 省 2 区。从地域分布来看集中位于我国西北、西南地区，农业生产或以畜牧业为主，或二者兼顾，由于气候、地形以及土壤等的原因，种植业生产无论规模还是水平均较为一般，客观上减少了其碳排放量。（3）相对均衡型地区，即指那些种植业、畜牧业碳排放量较为接近，占比均介于 45%～55% 的地区，包含新疆、辽宁、四川、宁夏、北京 2 省 2 区 1 市。从地缘分布来看，东部、中部和西部地区均有涉及，

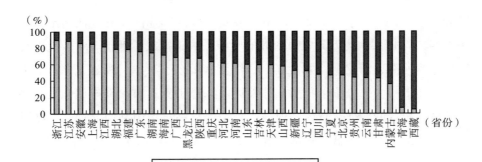

图 3－5　2017 年中国各省（区、市）农业碳排放结构比较

但形成原因各异。其中，新疆、宁夏两地虽地处西北地区，表面来看其农业产业结构以畜牧业为主，但得益于绿洲农业与河套平原，各自种植业发展水平也不容小觑；辽宁、四川两地均为我国粮食主产省区，其种植业碳排放数量处于较高水平，同时各自的圈养牲畜饲养量也较大，且役畜占据了相当比重，由此导致畜牧业碳排放量也处于较高水平；北京虽地处东部地区，但其农业生产规模总体较小，且具体以城郊蔬菜种植、畜禽养殖为主，两者规模差异不大，所引发的碳排放也较为接近。

3.2.2.4 农业碳排放动态变化区域比较

基于各省级行政区 2000 年、2017 年农业碳排放量、强度及结构特征数据，考察各自在该阶段的总体变化情况，其结果如表 3 - 4 所示。其中，

表 3 - 4　　　　　中国各省（区、市）农业碳排放总体变化情况

地区	2000 年			2017 年			总体变化		
	总量（万吨）	强度（千克/万元）	结构（%）	总量（万吨）	强度（千克/万元）	结构（%）	变化率 I（%）	变化率 II（%）	变化率 III（%）
北京	79.13	879.22	48.66	40.13	442.72	46.45	-49.29	-49.65	-4.54
天津	71.72	975.72	60.17	77.58	563.29	59.13	8.18	-42.27	-1.73
河北	1216.86	1475.70	45.59	1173.26	678.31	61.30	-3.58	-54.03	34.46
山西	352.30	1958.29	40.86	358.9	1097.72	57.40	1.87	-43.94	40.46
内蒙古	677.94	1957.66	26.17	1212.41	1530.50	35.81	78.84	-21.82	36.83
辽宁	503.46	999.92	50.40	695.37	603.15	51.58	38.12	-39.68	2.35
吉林	506.50	1337.11	40.05	688.3	779.96	59.23	35.89	-41.67	47.88
黑龙江	665.91	1883.24	51.56	1217.18	1202.42	67.53	82.78	-36.15	30.97
上海	144.35	1766.88	77.31	87.24	1531.32	84.82	-39.57	-13.33	9.72
江苏	1578.64	1694.00	84.31	1569.47	981.37	88.67	-0.58	-42.07	5.17
浙江	764.57	1151.12	86.74	616.94	582.64	89.74	-19.31	-49.39	3.47
安徽	1473.97	2013.34	70.64	1631.69	1218.84	85.79	10.70	-39.46	21.45
福建	614.18	958.76	79.39	559.56	458.46	78.26	-8.89	-52.18	-1.42
江西	1159.34	2389.41	76.35	1491.46	1404.13	81.61	28.65	-41.24	6.89

续表

地区	2000 年			2017 年			总体变化		
	总量（万吨）	强度（千克/万元）	结构（%）	总量（万吨）	强度（千克/万元）	结构（%）	变化率 I（%）	变化率 II（%）	变化率 III（%）
山东	1663.59	1311.46	48.80	1514.08	579.39	59.83	−8.99	−55.82	22.60
河南	1694.56	1464.37	41.28	1775.11	689.80	61.17	4.75	−52.89	48.19
湖北	1338.02	1955.88	74.85	1747.68	1202.78	78.62	30.62	−38.50	5.03
湖南	1617.57	2101.02	68.75	1935.44	1246.70	74.06	19.65	−40.66	7.73
广东	1242.63	1322.51	69.48	1124.09	650.49	75.57	−9.54	−50.81	8.76
广西	1272.06	2370.16	57.77	1156.02	948.31	68.39	−9.12	−59.99	18.39
海南	214.18	1081.72	58.23	212.32	347.70	71.34	−0.87	−67.86	22.51
重庆	413.25	1520.42	58.76	429.30	761.00	63.13	3.88	−49.95	7.44
四川	1543.65	1655.56	46.20	1605.17	843.94	47.28	3.99	−49.02	2.35
贵州	600.95	2217.54	35.05	601.71	991.56	43.86	0.13	−55.29	25.16
云南	827.30	1904.02	30.63	1076.8	964.28	43.25	30.16	−49.36	41.17
西藏	380.15	9951.50	1.91	373.06	4992.79	4.93	−1.86	−49.83	157.70
陕西	410.32	1493.71	52.64	539.26	803.82	67.25	31.42	−46.19	27.75
甘肃	421.55	2180.80	31.41	621.37	1243.37	42.89	47.40	−42.99	36.56
青海	306.93	7972.17	5.49	349.62	4088.44	6.94	13.91	−48.72	26.30
宁夏	109.08	2371.39	41.88	178.22	1602.49	46.46	63.38	−32.42	10.93
新疆	712.22	2471.29	32.98	1122.84	1486.98	52.06	57.65	−39.83	57.88
全国	24576.89	1669.92	55.74	27781.61	966.03	63.98	13.04	14.78	42.15

注：此处"结构"指种植业碳排放占农业碳排放总量的比重。变动率 I、变动率 II 和变动率 III 依次表示 2017 年农业碳排放总量、农业碳排放强度以及种植业碳排放所占比重相比 2000 年的增减变化。

农业碳排放总量方面，以内蒙古为代表的 20 个省区均有不同程度提升且以黑龙江增幅最大，高达 82.28%；内蒙古、宁夏、新疆、甘肃依次排在 2~5 位，其增幅分别为 78.84%、63.38%、57.65% 和 47.40%。与此同时，其他 11 个省级行政区在考察期内总体处于下降态势且以北京降幅最大，其 2017 年农业碳排放量较 2000 年累计减少了 49.29%；上海、浙江、广东和广西依次排在降幅榜的 2~5 位，其减幅分别为 39.57%、19.31%、9.54% 和

9.12%。各省区增减速率的不同引发了农业碳排放量总体排名的变化，通过比较发现：一是曾在 2000 年居于前 10 位的广西、广东和河北目前已排在 10 名之外，并被江西、黑龙江、内蒙古 3 地所取代。二是在两次排名中均居于前 10 位的 7 个地区有 6 个位次发生变化，其中湖南由第三升至第一，河南由第一降至第二，山东由第二降至第七，湖北由第七升至第三，安徽由第六升至第四，江苏由第四降至第六，仅有四川一地未发生任何变化，仍居于第五位。

农业碳排放强度方面，所有省区 2017 年万元农业增加值所引发的碳排放量较 2000 年均有不同程度减少，其中以海南降幅最大，由 1081.72 千克降至 347.70 千克，累计减少了 67.86%；广西、山东、贵州、河北依次排在 2~5 位，其减幅分别为 59.99%、55.82%、55.29% 和 54.03%。相比较而言，上海下降幅度最小，仅为 13.33%；内蒙古、宁夏、黑龙江、湖北依次位列倒数 2~5 位，其减幅分别为 21.82%、32.42%、36.15% 和 38.50%。至于农业碳排放结构，除以北京、天津为代表的少数几个地区种植业碳排放占比有所下降外，其他绝大多数省份均呈现明显上升趋势，其中以西藏变化幅度最大，2000~2017 年其种植业碳排放所占比重累计提升了 157.70 个百分点，不过由于基数较小目前其所占比重仍属于较低水准；新疆、河南、吉林、云南依次排在 2~5 位，其增幅分别为 57.88%、48.19%、47.88% 和 41.19%，其中新疆、河南、吉林三地均由过去的畜牧业主导型转变成为当前的种植业主导型。

3.2.3 产业结构视角下的农业碳排放区域公平性评价

3.2.3.1 区域农业碳排放公平性评价结果

所谓公平性评价，主要考察各地区农业碳排放占比与农业经济占比之间的相互关系。具体而言，基于各地区的碳排放与总产值占比情况，分别计算 31 个省（区、市）农业碳排放、种植业碳排放以及畜牧业碳排放的经济贡献系数，以此判断其碳排放公平性，相关结果如表 3-5 所示。从中不难发现，北京、天津等 16 个省区农业碳排放的经济贡献系数高于 1，表明上述地区农业生产相对低碳，以较少的碳排放换取了较多的农业产出；其中北京排在第 1 位，高达 1.833，陕西、贵州、山东、海南依次排在 2 ~ 5 位，其碳排放的经济贡献系数分别为 1.644、1.565、1.449 和 1.426，与北京相比存在较为明显的差距。山西、内蒙古等 15 个省区农业碳排放的经济贡献系数低于 1，说明这些地区农业生产相对高碳，同量产出引发了更多的碳排放，在一定程度上损害了低排放省份的利益；其中西藏排在倒数第 1 位，低至 0.145，水平甚至不及北京的 1/10；青海、江西、湖南、内蒙古依次排在倒数 2 ~ 5 位，其系数值均低于 0.70，都属于典型的农业生产高碳地区。具体到两大产业部门又表现出不同特点：以京津冀为代表的 22 个地区种植业碳排放的经济贡献系数高于 1，其中贵州排在第 1 位，高达 2.409，北京、青海紧随其后，其系数值也分别达到了 2.133 和 2.050；其他 9 地区种植业碳排放的经济贡献系数均低于 1，其中江西排在倒数第 1 位，低至 0.375，安徽、湖南排在倒数 2、3 位，其系数值分别为 0.490 和 0.555。至于畜牧业碳排放的经济贡献情况，有高达 20 个省区的系数值高于 1 且以江苏最高，达到了 2.219，福建、浙江以较小劣势位列 2、3 位，其系数值也分别达到了 2.102 和 1.999；与之对应，西藏以较大劣势居于最后一位，其系数值仅为 0.089，不及榜首江苏 4% 的水平，青海、甘肃则分列倒数 2、3 位，各自系数值均在 0.30 以下。

表 3 – 5 　　　　　　　产业结构视角下各省（区、市）农业
碳排放的经济贡献系数（2017 年）

地区	农业碳排放（%）			农业总产值（%）			经济贡献			类别
	综合	种植业	畜牧业	综合	种植业	畜牧业	综合	种植业	畜牧业	
北京	0.144	0.105	0.215	0.264	0.224	0.345	1.833	2.133	1.605	双高型
天津	0.279	0.258	0.317	0.333	0.316	0.368	1.194	1.225	1.161	双高型
河北	4.223	4.046	4.538	5.292	4.979	5.912	1.253	1.231	1.303	双高型
山西	1.292	1.159	1.528	1.396	1.485	1.222	1.081	1.281	0.800	高—低型
内蒙古	4.364	2.442	7.778	3.014	2.471	4.089	0.691	1.012	0.526	高—低型
辽宁	2.503	2.018	3.365	3.328	2.791	4.391	1.330	1.383	1.305	双—高型
吉林	2.478	2.293	2.805	2.148	1.543	3.346	0.867	0.673	1.193	低—高型

地区	农业碳排放（%）			农业总产值（%）			经济贡献			类别
	综合	种植业	畜牧业	综合	种植业	畜牧业	综合	种植业	畜牧业	
黑龙江	4.381	4.624	3.950	5.917	5.979	5.796	1.351	1.293	1.467	双高型
上海	0.314	0.416	0.132	0.237	0.252	0.208	0.756	0.606	1.574	低—高型
江苏	5.649	7.829	1.777	5.631	6.484	3.944	0.997	0.828	2.219	低—高型
浙江	2.221	3.115	0.633	2.134	2.574	1.265	0.961	0.826	1.999	低—高型
安徽	5.873	7.875	2.317	4.076	3.861	4.501	0.694	0.490	1.943	低—高型
福建	2.014	2.463	1.216	2.605	2.630	2.556	1.293	1.068	2.102	双高型
江西	5.369	6.848	2.741	2.515	2.565	2.417	0.469	0.375	0.882	双低型
山东	5.450	5.096	6.078	7.898	7.584	8.519	1.449	1.488	1.402	双高型
河南	6.390	6.108	6.889	7.918	7.841	8.068	1.239	1.284	1.171	双高型
湖北	6.291	7.729	3.735	5.080	5.103	5.034	0.807	0.660	1.348	低—高型
湖南	6.967	8.064	5.017	4.694	4.474	5.128	0.674	0.555	1.022	低—高型
广东	4.046	4.779	2.745	4.681	4.978	4.095	1.157	1.042	1.492	双高型
广西	4.161	4.448	3.652	4.195	4.373	3.844	1.008	0.983	1.053	低—高型
海南	0.764	0.852	0.608	1.090	1.218	0.835	1.426	1.430	1.373	双高型
重庆	1.545	1.525	1.582	1.931	2.008	1.780	1.250	1.317	1.125	双高型
四川	5.778	4.270	8.457	7.097	6.897	7.492	1.228	1.615	0.886	高—低型
贵州	2.166	1.485	3.376	3.389	3.577	3.017	1.565	2.409	0.894	高—低型
云南	3.876	2.620	6.108	3.743	3.415	4.392	0.966	1.303	0.719	高—低型
西藏	1.343	0.103	3.545	0.195	0.135	0.314	0.145	1.305	0.089	高—低型
陕西	1.941	2.040	1.765	3.192	3.609	2.368	1.644	1.769	1.342	双高型
甘肃	2.237	1.499	3.546	1.576	1.841	1.052	0.705	1.228	0.297	高—低型
青海	1.258	0.136	3.252	0.395	0.280	0.623	0.314	2.050	0.192	高—低型
宁夏	0.642	0.466	0.954	0.532	0.532	0.530	0.829	1.143	0.556	高—低型
新疆	4.042	3.289	5.379	3.502	3.984	2.549	0.867	1.211	0.474	高—低型

3.2.3.2　区域农业碳排放公平性聚类分析

基于种植业与畜牧业碳排放经济贡献系数的数值差异，可以将 31 个省

（区、市）划分为四类：双高型，即两大产业碳排放的经济贡献系数值均大于1；高—低型，即种植碳排放的经济贡献系数大于1，而畜牧业情形相反；低—高型，即畜牧业碳排放的经济贡献系数大于1，而种植业情形相反；双低型，即两大产业碳排放的经济贡献系数值均小于1。具体分类结果详见表3-5。

北京、天津、河北、辽宁、黑龙江、福建、山东、河南、广东、海南、重庆、陕西12地属于"双高"型地区。上述地区种植业和畜牧业生产都相对低碳，集中分布于我国东中部地区，且以北方省份为主。其中，多数省份种植业以旱地作物为主，相比水稻生产其单位面积引发的碳排放量更少，加之东北地区土壤相对肥沃、华北地区注重精耕细作、华南地区经济作物所占比重较大，使得种植业产出得到了有效保证；畜牧业生产主要依靠圈养，且大牲畜（以牛和马最具代表）饲养量相对较少，总体商品率较高，由此客观促进了畜牧业生产的低碳性。山西、内蒙古、四川、贵州、云南、西藏、甘肃、青海、宁夏、新疆10地属于高—低型地区，主要分布于我国西北和西南地区。上述地区除了四川之外均不以粮食生产见长，而多倾向于经济作物种植，由此确保了各自种植业碳排放的经济贡献系数较高；至于四川，由于成都平原坐落于此，良好的土质与水热条件保证了其种植业的高产出，且此地虽种植水稻但并未占据绝对主导地位，从而客观上抑制了高碳排放。但同时，这些地区虽大力发展畜牧业，却仍以粗放型经营为主，且饲养品种较为集中或者商品率较低，进而导致各自畜牧业碳排放处于较高水平。吉林、上海、江苏、浙江、安徽、湖北、湖南、广西8地属于低—高型地区。上海、江苏、浙江、安徽、湖北、湖南、广西7省区粮食生产以水稻为主，客观导致各自种植业碳排放处于较高水平，而吉林主要源自农用物资的低效利用；畜牧业生产均以圈养为主，且得益于相对先进的养殖模式、较为合理的饲养结构以及总体较高的商品率，有效保证了生产的相对低碳。仅有江西属于双低型地区。其成因主要归结于两个方面：一是粮食生产以水稻这一高碳排放农作物为主；二是自身经济发展水平在东中部地区处于相对靠后的层次，由此极大影响了其农业生产力水平。

3.3 中国农业碳汇现状与特征分析

3.3.1 中国农业碳汇时序演变轨迹分析

中国 2000 ~ 2017 年的农业碳汇量如图 3 – 6 所示。从中不难发现，2017 年我国农业生产部门累计吸收二氧化碳 78309.40 万吨，较 2000 年的 52653.68 万吨增加了 48.73%，年均递增 2.36%。其中，粮食作物实现碳汇 61622.74 万吨，占到了农业碳汇总量的 78.69%；相比较而言，经济作物所产生的碳汇要明显少于粮食作物，仅为 16686.66 万吨，只占到了农业碳汇总量的 21.31%。可见，就当前来看，粮食作物在农业碳汇的有效供给方面仍旧发挥着决定性作用。从其演变轨迹来看，总体呈现"平稳—上升—平稳"的三阶段变化特征。其中，2000 ~ 2003 年为第一阶段，虽出现轻微起伏，但农业碳汇量总体变化不大、相对平稳。具体来看，除 2002 年数值较高外，其他各年基本都在 53000 万吨上下波动，整体变化幅度较小。

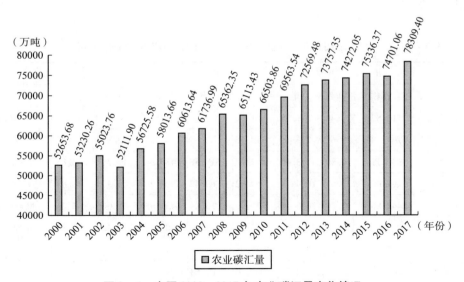

图 3 – 6　中国 2000 ~ 2017 年农业碳汇量变化情况

2003～2013 年为第二阶段，总体上升趋势较为显著。其中，除 2009 年农业碳汇量较上一年小幅下降（0.38%）外，其他各年均表现出明显增长态势，并由 52111.90 万吨增至 73757.35 万吨，年均递增 3.53%，在所有年份中以 2004 年增幅最大，高达 8.85%，这在整个考察期内（2000～2017 年）也属最快增速。2013～2016 年为相对平稳期，农业碳汇量年际变化不大，介于 73500 万～75500 万吨之间。2017 年虽较 2016 年上升幅度较大，但由于时间跨度仅为 1 年，不适合作为趋势进行探讨，故在此不做过多讨论。综合来看，2000 年以来我国农业碳汇量虽表现出了一定起伏，但总体上升态势更为明显，而随着我国农业生产力水平的进一步提升，其农业碳汇量在未来仍旧具备较大提升空间。

3.3.2 中国农业碳汇空间分异特征探讨

前文基本厘清了我国农业碳汇总量及其演变轨迹，接下来则围绕 31 个省（区、市）的碳汇量及其特征展开深度剖析。为了节约篇幅，表 3-6 仅列出了 2012 年和 2017 年我国各省级行政区的粮食作物碳汇量、经济作物碳汇量以及农业碳汇总量，并以此为基础计算 2012～2017 年 5 年中的总体变化率。

表 3-6　　　　中国 31 个省（区、市）2012 年和 2017 年农业碳汇量

地区	2012 年（万吨）			2017 年（万吨）			变化率（%）		
	粮食作物	经济作物	总量	粮食作物	经济作物	总量	I	II	III
北京	116.82	24.46	141.28	41.90	13.26	55.16	-64.13	-45.80	-60.96
天津	165.48	59.62	225.10	213.16	32.36	245.52	28.81	-45.72	9.07
河北	3280.11	977.89	4258.00	3862.78	617.58	4480.36	17.76	-36.85	5.22
山西	1291.08	113.51	1404.59	1359.82	69.42	1429.24	5.32	-38.84	1.76
内蒙古	2442.86	203.30	2646.16	3225.99	213.94	3439.92	32.06	5.23	30.00
辽宁	1972.69	352.09	2324.78	2257.21	225.90	2483.12	14.42	-35.84	6.81
吉林	3255.31	133.27	3388.58	4077.05	134.98	4212.03	25.24	1.28	24.30
黑龙江	5386.08	126.29	5512.37	7008.70	82.64	7091.33	30.13	-34.57	28.64

续表

地区	2012 年（万吨）			2017 年（万吨）			变化率（%）		
	粮食作物	经济作物	总量	粮食作物	经济作物	总量	Ⅰ	Ⅱ	Ⅲ
上海	106.52	37.70	144.22	84.10	24.72	108.82	−21.05	−34.43	−24.55
江苏	3066.01	713.31	3779.31	3340.69	582.43	3923.12	8.96	−18.35	3.81
浙江	616.72	256.19	872.91	470.70	219.22	689.92	−23.68	−14.43	−20.96
安徽	3102.02	645.50	3747.52	3833.55	408.76	4242.32	23.58	−36.68	13.20
福建	473.42	185.55	658.97	355.96	141.10	497.06	−24.81	−23.96	−24.57
江西	1662.60	348.86	2011.46	1782.86	357.96	2140.82	7.23	2.61	6.43
山东	4540.40	1416.20	5956.59	5527.59	1069.61	6597.20	21.74	−24.47	10.75
河南	5712.69	1324.64	7037.33	6668.99	1267.97	7936.96	16.74	−4.28	12.78
湖北	2086.93	969.30	3056.23	2447.26	816.17	3263.44	17.27	−15.80	6.78
湖南	2414.32	739.35	3153.67	2491.40	705.02	3196.42	3.19	−4.64	1.36
广东	1049.73	983.97	2033.70	934.19	947.11	1881.30	−11.01	−3.75	−7.49
广西	1224.08	3771.92	4996.01	1147.54	3538.24	4685.78	−6.25	−6.20	−6.21
海南	145.91	240.20	386.12	104.08	116.31	220.38	−28.67	−51.58	−42.92
重庆	818.24	194.22	1012.46	768.08	237.57	1005.64	−6.13	22.32	−0.67
四川	2689.14	747.88	3437.01	2828.53	875.35	3703.88	5.18	17.04	7.76
贵州	825.05	303.87	1128.92	956.25	354.46	1310.70	15.90	16.65	16.10
云南	1519.27	1142.72	2661.98	1658.73	935.30	2594.04	9.18	−18.15	−2.55
西藏	95.91	15.18	111.09	107.38	15.07	122.45	11.96	−0.75	10.22
陕西	1210.17	233.80	1443.97	1148.76	227.02	1375.78	−5.07	−2.90	−4.72
甘肃	948.36	215.36	1163.71	984.22	194.08	1178.30	3.78	−9.88	1.25
青海	78.64	68.01	146.65	77.46	58.28	135.75	−1.51	−14.30	−7.43
宁夏	336.37	46.77	383.14	336.00	50.41	386.41	−0.11	7.79	0.85
新疆	1307.69	1724.79	3032.48	1521.48	2154.41	3675.89	16.35	24.91	21.22
全国	53940.63	18315.72	72256.35	61622.74	16686.66	78309.40	14.24	−8.89	8.38

注：变化率Ⅰ、变化率Ⅱ、变化率Ⅲ分别表示 2017 年粮食作物碳汇、经济作物碳汇以及农业碳汇总量较 2012 年的增减变化情况。

由 2017 年我国 31 个省（区、市）农业碳汇量的大小排序来看，居于前 10 位的地区依次是河南（7936.96 万吨）、黑龙江（7091.33 万吨）、山东（6597.20万吨）、广西（4685.78万吨）、河北（4480.36万吨）、安徽（4242.32万吨）、吉林（4212.03万吨）、江苏（3923.12万吨）、四川（3703.88万吨）和新疆（3675.89万吨），上述10地的碳汇总量占到了全国农业碳汇总量的64.55%。排在后10位的地区依次是北京（55.16万吨）、上海（108.82万吨）、西藏（122.45万吨）、青海（135.75万吨）、海南（220.38万吨）、天津（245.52万吨）、宁夏（386.41万吨）、福建（497.06万吨）、浙江（689.92万吨）和重庆（1005.64万吨），这10个地区的碳汇总量仅占到了全国农业碳汇总量的4.43%。其中，居于首位的河南与排在倒数第一位的北京相差超过140倍，可见，我国农业碳汇量存在极为明显的省域差异。综合来看，粮食主产省区和经济作物种植相对发达的省份一般位次排列靠前，当然这也与本书未曾考察森林和草原碳汇有一定关系。分类别来看，粮食作物碳汇量以黑龙江居首，高达7008.70万吨；北京则位列最后一位，仅为41.90万吨。经济作物碳汇量则以广西独占鳌头，达到了3538.24万吨；而北京再次排在倒数第一位，仅为13.26万吨。

与2012年相比，以天津、河北为代表的20个省区农业碳汇量均有不同程度的提升且以内蒙古增幅最大，高达30.00%；黑龙江以微弱劣势紧随其后，其增幅也达到了28.64%；吉林、新疆和贵州依次排在3~5位，其增幅分别为24.30%、21.22%和16.10%。其他11个地区农业碳汇量均出现了一定回落且以北京降幅最大，较2012年减少了60.96%；海南、福建、上海和浙江依次排在2~5位，其降幅分别为42.92%、24.57%、24.55%和20.96%。具体到不同领域，绝大多数地区粮食作物碳汇量呈现出了增长态势，且以内蒙古、黑龙江和天津表现最为突出，分别较2012年增加32.06%、30.13%和28.81%；而北京、海南和福建则降幅最为明显，分别较2012年减少了64.13%、28.67%和24.81%。至于经济作物方面，碳汇量处于增长趋势的地区仅有8个，其中以新疆、重庆和四川增幅最大，分别较2012年增加了24.91%、22.32%和17.04%；绝大多数都处于下降趋势且以海南、北京和天津降幅最大，分别较2012年减少了51.58%、45.80%和45.72%。农业碳汇量的增减变化客观上也使得各省区的排名位置出现了一定波动，但总体变化不大，比较两个时间点可知，20个入榜地区中只有湖南一地退出前10（后10）之列，被新疆所取代，而其他各地仅位次略有变化。

3.4 本章小结

本章一方面对我国及 31 个省（区、市）的农业碳排放量进行了科学核算，并基于总量、强度与结构三个不同维度系统剖析了其时序演变轨迹与地区差异特征；在此基础上，立足于产业结构视角并以省级层面作为突破口，完成了我国农业碳排放的公平性评价。另一方面则系统测度了我国农业碳汇量并分析了其时空特征。最终得出主要研究结论如下：

（1）2017 年中国农业碳排放总量为 27781.61 万吨，较 2000 年增加了 13.04%。其中，种植业所导致的碳排放量为 17775.95 万吨，占到了农业碳排放总量的 63.98%；相比较而言，畜牧业所带来的碳排放量要明显少于种植业，为 10005.66 万吨，所占比重为 36.02%。分阶段来看，农业碳排放总量呈现较为明显的"波动上升—持续下降—持续上升—持续缓慢下降"的四阶段变化特征；农业碳排放强度虽一直处于下降态势，但呈现出"降速放缓"与"降速回升"的循环变化轨迹；至于农业碳排放结构，虽年际间存在一定起伏，但种植业碳排放所占比重总体处于明显上升趋势。

（2）农业碳排放区域差异明显。位居前 10 位的省（区、市）占到了全国农业碳排放总量的 56.51%，而排在后 10 位的省（区、市）仅占全国的 9.52%，传统农业大省尤其是粮食主产省区仍是我国农业碳排放的主要来源地；农业碳排放强度总体呈现西高东低的特征，具体表现为青藏地区最高、华中及西北地区其次、西南地区相对较低、东部地区最低，其中强度最低的海南与最高的西藏相差 10 余倍；基于碳排放比重构成差异，可将 31 个省（区、市）划分为种植业主导型、畜牧业主导型、相对均衡型三类不同地区，其中种植业主导型省区的数量最多，占比接近 65%。

（3）系统考察各省区 2000～2017 年间农业碳排放的总体变化情况可知：总量方面，以内蒙古为代表的 20 个地区均有不同程度提升且以黑龙江增幅最大，高达 82.28%，其他 11 个省级行政区则处于下降态势；各省区增减速率的不同也引发了总体排名的动态变化。强度方面，所有省区 2017

年万元农业增加值所引发碳排放量较 2000 年均有不同程度减少，其中以海南降幅最大，由 1081.72 千克降至 347.70 千克，累计减少了 67.86%，而上海则降幅最小。结构方面，除以京津为代表的少数几个地区种植业碳排放占比有所下降外，其他绝大多数省份均呈现明显上升趋势，其中以西藏变化幅度最大。

（4）北京、天津等 16 个省区农业碳排放的经济贡献系数高于 1，表明上述地区农业生产相对低碳，以较少的碳排放换取了较多的农业产出。其中贵州种植业碳排放的经济贡献系数最高，达到了 2.409，而最低的江西仅为 0.375；江苏畜牧业碳排放的经济贡献最高，达到了 2.219，而最低的西藏仅为 0.086，甚至不及江苏 4% 的水平。进而基于种植业与畜牧业碳排放经济贡献系数的数值差异，将 31 个省（区、市）划分为双高型、高—低型、低—高型、低—低型四类地区，其中北京、天津等 12 地属于双高型地区，山西、内蒙古等 10 地属于高—低型地区，吉林、上海等 8 地属于低—高型地区，江西属于双低型地区。

（5）2017 年中国农业碳汇总量为 78309.40 万吨（按照标准 CO_2 进行核算），较 2000 年增加了 48.73%。其中，粮食作物实现碳汇量 61622.74 万吨，占到了农业碳汇总量的 78.69%；而经济作物所带来的碳汇量要明显少于粮食作物，只有 16686.66 万吨，所占比重仅为 21.31%。从其演变轨迹来看，总体呈现较为明显的"平稳—上升—平稳"的三阶段变化特征。综合来看，2000 年以来我国农业碳汇量虽表现出了一定起伏，但总体上升态势更为明显，而随着我国农业生产力水平的进一步提升，其农业碳汇量在未来仍旧具备较大提升空间。

（6）农业碳汇量省域差异明显。2017 年农业碳汇量居于前 10 位的省区占到了全国农业碳汇总量的 64.55%，而排在后 10 位的地区仅占 4.43%，粮食主产省份和经济作物种植较为发达的省份是我国农业碳汇的主要供给地区。与 2012 年相比，以天津、河北为代表的 20 个省区农业碳汇量均有不同程度的提升且以内蒙古增幅最大，高达 30.00%；而其他 11 个地区农业碳汇量均出现了一定程度回落且以北京降幅最大，较 2012 年减少了 60.96%。具体到不同领域，绝大多数地区的粮食作物碳汇量呈现出了增长态势，而经济作物的表现却正好相反。

第 **4** 章
中国农业碳排放权省域
分配及减排压力评估

本章将通过指标体系的构建和相关方法的阐述与引入，完成农业碳排放权的省区分配，在此基础上与当前各地实际碳排放量进行比对，明晰各自初始空间余额；而后则对碳排放权匮乏地区的农业碳减排压力进行综合评估。拟通过上述分析，为现阶段中国农业碳减排工作的顺利开展提供必要的理论与数据支撑。具体而言，本章内容分为三节：第一节是对相关研究方法进行介绍，包括文献归纳法、熵值法、K–均值聚类分析法、基于方向性距离函数的影子价格模型等；第二节是结果与分析，依次完成碳排放权分配指标的权重确定及省域聚类分组、中国农业碳排放权省区分配方案、中国各省区农业碳排放权空间余额核算与比较以及碳排放权匮乏地区农业碳排放压力评估等方面的相关研究工作，并围绕其实证结果展开系统分析；第三节是对本章内容进行总结。

4.1 研究方法与数据来源

4.1.1 农业碳排放权省区分配指标体系的构建

4.1.1.1 农业碳排放权省区分配的综合指标体系确定

目前，关于碳排放权分配的研究主要集中在能源碳排放抑或工业碳排放领域，并形成了较为丰硕的研究成果（祁悦、谢高地，2009；方恺等，2018；潘伟、潘武林，2018；王勇等，2018）。结合上述研究可知，公平性、效率性以及可行性原则目前在碳排放权省区分配研究中得到了极为广泛的运用。考虑到当前少有学者围绕农业碳排放权分配及其指标体系构建展开探究这一现实，本研究也将尝试基于上述三大原则，完成对农业碳排放权省区分配综合指标体系的构建。具体如下：

（1）公平性原则。在目前所提出的各种分配方案中，国内外学者对公平性原则的使用频率是最高的。本书选择了农业从业人口和农业增加值作为体现公平性原则的分解指标。两者均为正向指标，即农业从业人口数量越大，该地区分配的农业碳排放权也应越大；同理，农业增加值数值越大，理论上该区域的农业碳排放权也应该越大。

（2）效率性原则。该原则以实现回报最大化为目标，即要求以最小的投入获取最大的回报。具体到本书，拟采用农业碳生产力指标来体现效率性原则。所谓农业碳生产力，是指单位农业碳排放所引起的农业增加值的增加量。由于是希望以较少的碳排放量换取尽可能多的期望产出，因此农业碳生产力也属于正向指标。

（3）可行性原则。该原则主要考察各地区是否有能力实现国家所规定的农业碳排放限额要求。本书选择农业生态承载力作为可行性原则的代表性指标。农业生态承载力是指某地区农业碳汇与其农业碳排放之间的比值，该数值越大，则表明其具有较强的碳吸收能力，能有效化解农业碳排放所带来的潜在危害。因此，该指标也为正向指标。

农业碳排放权分配的指标体系如表4－1所示。

表4－1 农业碳排放权分配的指标体系

原则	指标	指标度量	指标方向
公平性原则	人口数量	农业从业人口数量	正向
	农业增加值	农业增加值数值	正向
效率性原则	农业碳生产力	农业增加值/农业碳排放量	正向
可行性原则	农业生态承载力	农业碳汇/农业碳排放	正向

注：正向指标表示该指标与农业碳排放配额呈正相关。农业增加值的计算基期为2011年（适用于本书后续章节）。

4.1.1.2 基于熵值法确定各指标权重

熵值法、德尔菲法与层次分析法是目前使用较为广泛的指标权重赋值法。与德尔菲法和层次分析法相比,熵值法不是通过人的主观判断来确定指标权重,而是依据各指标所传递的信息量大小来确定最终权重,由此更能有效地反映指标信息熵值的效用价值,体现出更强的科学性。有鉴于此,本研究也将尝试运用熵值法计算各指标权重,具体步骤如下:

(1)消除量纲影响。其中,对于正向指标,x_j 越大越好,所对应的理想值则为该指标的最大值 x_{jmax};反之,数值越小越好,即理想值为该指标的最小值 x_{jmin}。为此,定义 x_{ij} 表示指标 j 下 i 地区数值所接近理想值的程度。本研究所涉及的 4 个细化指标都为正向指标,均采用如下方式进行处理:

$$x_{ij}^{\cdot} = \frac{x_{ij}}{x_{jmax}} \qquad (4.1)$$

数据标准化处理之后,得到 $x_{ij}^{\cdot}(i=1,2,\cdots,n;j=1,2,\cdots,m)$。

(2)计算指标概率 p_{ij},方法见式(4.2):

$$p_{ij} = \frac{x_{ij}^{\cdot}}{\sum_{i=1}^{n} x_{ij}^{\cdot}} \qquad (4.2)$$

(3)计算第 j 个指标的信息熵值 e_j,方法见式(4.3):

$$e_j = \frac{\sum_{i=1}^{n} p_{ij} \ln p_{ij}}{-\ln n} \qquad (4.3)$$

(4)计算第 j 个指标的信息效用值 g_j,方法见式(4.4):

$$g_j = 1 - e_j \qquad (4.4)$$

(5)计算指标权重 w_j,方法见式(4.5):

$$w_j = \frac{g_i}{\sum_{j=1}^{m} g_i} \qquad (4.5)$$

4.1.1.3 K-均值聚类分析法

考虑到我国幅员辽阔,各地区之间既存在相似性又表现出一定区别,有必要将特征相似的省区划分到同一区组，并确定各区组的农业碳排放权，而后再确定区组内各个省区的农业碳排放权分配比例。参照前文分析，选取农业从业人口、农业增加值、农业碳生产力和农业生态承载力4项指标，利用多指标聚类方法对全国31个省（区、市）进行省区分解。具体而言，基于时间降维的思想，取31个省（区、市）2011～2016年4项指标数据的年度均值并采用K–均值法进行聚类分析，以完成区组划分。为了消除指标量纲的影响，在展开聚类分析之前需依照公式（4.1）对所有数据进行标准化处理。

4.1.2 农业碳排放权测算及省区分配模型的构建

4.1.2.1 2030年农业碳排放权测算方法

根据中国政府的早期承诺，在2030年要实现碳排放强度较2005年下降60%～65%的减排目标，农业生产部门作为国民经济的重要组成部分，也应积极实现该目标。为此，本研究选择65%作为下降目标，以2016年实际农业碳排放强度作为基准，并假定2017～2030年期间农业碳排放强度的年均变化率q保持不变。那么，其计算方法就如式（4.6）所示：

$$q = 1 - \sqrt[14]{\frac{I_{2030}}{I_{2016}}} = 1 - \sqrt[14]{\frac{I_{2005} \times (1 - \beta)}{I_{2016}}} \tag{4.6}$$

式（4.6）中，β为我国农业碳排放强度下降目标（65%），I_{2005}、I_{2016}、I_{2030}分别为2005年、2016年和2030年的农业碳排放强度。

假定未来农业增加值的年均增长率保持在3.50%，即可预测出2017～2030年各年份的农业增加值总量。需要说明的是，将3.50%作为农业增加值的预期增速，主要是基于当前我国经济发展态势考虑：一方面，统计数据揭示，2012～2016年农业增加值平均增速为3.92%，约相当于同期国内生产总值增速（7.32%）的53.55%；另一方面，"十三五"期间我国力争确保的经济增速是6.50%～7.00%，而后随着经济结构的不断转型其增速可能还会逐步放缓。为此，立足于2012～2016年农业增加值平均增速及其与国内生产总值之间的比值关系，并兼顾我国未来的经济增速预期目标，形成对下一阶段农业增加值增速的基本假定。增速确定之后，结合历年农业碳排放强度，可计算得到中国 2017～2030 年各年份的农业碳排放权总量。计算方法如式（4.7）所示：

$$C_t = AGDP_{2016} \times (1 + 3.5\%)^{t-2016} \times I_{2016} \times (1-q)^{t-2016} \qquad (4.7)$$

式（4.7）中，C_t 为第 t 年的农业碳排放总量，$AGDP_{2016}$ 为 2016 年国内农业增加值。由此，可得出 2017～2030 年中国全部农业碳排放权总量的计算方式如式（4.8）所示：

$$C = \sum_{t=2017}^{2030} C_t \qquad (4.8)$$

4.1.2.2　不同区组间农业碳排放权分配方法

基于地区聚类划分结果，可以得到每一区组的组中心值，但考虑到不同指标之间无法进行横向比较，有必要计算出各个指标的组中心值。为此，研究将利用已经过无纲量化处理的各项指标，通过式（4.9）求解出各指标 j 下的组中心。

$$y_{ij}^{\cdot} = \frac{\sum_{i \in k} x_{ij}^{\cdot}}{n_k}, \quad k = 1, 2, \cdots, 6 \qquad (4.9)$$

式（4.9）中，n_k 表示第 k 类区组所包含的地区数目。

最后，将熵值法所计算出的各项指标权重与对应的组中心占比进行相乘即可得到各大区组间的农业碳排放权分配比重。

4.1.2.3　区组内部各省区农业碳排放权分配与初始空间余额测度方法

区组内部各省区农业碳排放权的分配将基于边际减排成本视角展开。而从近些年的理论与实证分析来看，测算污染排放的影子价格已成为解决该问题的主要手段。影子价格可以用于衡量碳排放对期望产出的效应，即在某一特定产出条件下，每减少 1 单位碳排放量所引发的国内生产总值（GDP）削减量，也就是碳的边际减排成本。鉴于此，本研究将借助各省（区、市）2011～2016 年的相关数据，利用基于方向性距离函数的影子价格模型对各地区的农业碳减排成本指标进行核算。其中，投入指标选定为土地（实际播种面积）、劳动力（实际农业劳动力）以及农用物资投入

（包括化肥、农药、农膜、农用柴油、灌溉面积、机械动力），期望产出指标为农业增加值，非期望产出指标为农业碳排放量。

模型基本假定 $x \in R_+^N$ 为投入要素，即各地区土地、劳动力以及农用物资投入量；$y \in R_+^M$ 为期望产出要素，即各地区的农业增加值产出；$c \in R_+^J$ 为非期望产出，即各地区的农业碳排放量。方向性距离函数中需设定方向向量 $g = (g_v, g_c)$ 且 $g \in R_+^M \times R_+^J$，以用来限定期望产出与非期望产出的变动方向与大小，而方向向量的具体选择可根据研究需要自行设定，本书拟选取 $g = (1, -1)$。基于产出径向的方向性距离函数可以表示如下：

$$D(x, y, c, 1, -1) = \max\{a: (y + a \times 1, c + a \times (-1)) \in P(x)\}$$
$$(4.10)$$

式（4.10）中，a 表示在不增加投入要素的条件下期望产出所能增加的最大比例值，$P(x)$ 表示环境技术支持条件下的所有可能生产集合。

根据环境技术规定的期望与非期望产出的联合弱可处置性，在生产可能性集合 $P(x)$ 内，降低农业碳排放量的直接代价是农业增加值的减少，即环境管制对期望产出的边际效应。为此，将农业增加值的变化量与农业碳排放量的变化量有机结合起来，即可获取农业碳排放的影子价格，其计算公式如下：

$$p_c = p_y \times \frac{\partial D(x, y, c; 1, -1)/\partial c}{\partial D(x, y, c; 1, -1)/\partial y} \qquad (4.11)$$

式（4.11）中，p_y 表示期望产出即农业增加值的价格，p_c 表示非期望产出农业碳排放量的影子价格，即边际减少单位农业碳排放所对应的农业增加值的减少量，也就是农业碳边际减排成本。然后，可基于区组内减排成本的不同测算各省区的农业碳排放权分配比例 C，具体如式（4.12）所示。

$$C = \frac{p_c}{\sum_{i \in k} p_c}, \quad k = 1, 2, \cdots, 6 \qquad (4.12)$$

待分配比例确定之后，即可结合各区组的农业碳排放权分配数量确定 31 个省（区、市）的具体分配数额。在此基础上，将各地区 2017~2030 年理论农业碳排放权年均值与其 2017 年实际农业碳排放量相减，所产生的差额可大致界定为各地区在 2017 年时间点上的农业碳排放权初始空间余额。倘若两者差值为负数，则表明该地存在排放赤字，反之即说明该地存在农业碳排放盈余。

4.1.3　农业碳排放权匮乏地区碳减排压力评估方法

4.1.3.1　农业碳排放权匮乏地区碳减排压力指标评价体系构建

通过对各省区农业碳排放权初始空间余额进行有效测度可以明晰出匮乏地区，但这只是一个绝对数量的比较，由于匮乏地区农业产业规模差异极大，导致该数值并不能真实地反映出各个地区的实际碳减排压力。鉴于此，本书将基于相对数量视角，从碳减排现状、经济发展水平、政策支持力度3 个维度构建评价指标体系，而后完成对各个农业碳排放权匮乏地区碳减排压力的综合评估。具体的二级指标构成及其度量方式如表 4 - 2 所示。

表 4 - 2　　　农业碳排放权匮乏地区碳减排压力评价指标体系

指标		指标度量	指标方向
碳减排现状	匮乏程度	农业碳排放权/农业碳排放量（%）	负向
	减排难度	农业碳的影子价格（元/吨）	正向
	减排效率	近 5 年年均减排速率（%）	负向
经济发展水平	人均 GDP	GDP ÷ 总人口（元/人）	负向
政策支持力度	R&D 投入	R&D 投入金额 ÷ GDP（%）	负向
	环境污染防治投入	环境污染防治投入额 ÷ GDP（%）	负向

由表 4 - 2 可知，碳减排现状由匮乏程度、减排难度和减排效率 3 个细化指标构成。其中，匮乏程度是指所分配的农业碳排放权与当前农业碳排放量之间的比值情况，该数值越低，则反映其所分配的农业碳排放权远不能抵消自身的碳排放，将面临较大减排压力；减排难度通过农业碳的影子价格来体现，影子价格越高，减排所带来的潜在农业经济损失就越大，由此会面临一定取舍，客观导致了农业碳减排难度的提升；减排效率是指 2012 ~ 2017 年农业碳排放强度的年均下降速度，一般地，减排速率越慢，所面临的碳减排压力就越大。经济发展水平通过人均 GDP

来衡量，通常情况下，一个地区社会经济发展水平基于人均 GDP 进行考察显得更为客观、真实，而经验分析表明，社会经济发展水平较高的国家和地区，其节能减排理念一般更强，所愿给予的人力、物力以及技术支持更为充分，减排成效也更为突出，反之其减排成效就可能较差。政策支持力度由 R&D 投入和环境污染防治投入两个细化指标构成，其中前者反映了一个地区对科技创新的支持力度，支持力度越大显然更利于农业碳减排技术的研发与推广；后者则呈现了一个地区对污染防治的重视程度，其所占 GDP 比重越高，则说明该地更为重视节能减排，减排压力就越小。

4.1.3.2 碳排放权匮乏地区碳减排压力评估方法选择

研究将运用主成分分析法评估各个地区的农业碳减排压力，此方法的核心是通过几个线性组合来解释一组变量的方差与协方差结构，进而达到数据压缩和解释的目的。具体做法是：首先，设有一组指标 x_1，x_2，$\cdots$，x_p，寻找其综合指标即它们的线性组合 F，并确保 F 包含尽可能多的信息，即 $Var(F)$ 最大，由此得到的 F 记为 F_1；然后再找 F_2，且 F_1 与 F_2 之间不存在相关性；最后，以此类推直到找到一组综合变量 F_1，F_2，$\cdots$，F_m，该组变量基本涵盖了原有变量的全部有效信息。主成分分析法可通过以下数学模型进行表示：

其中，设样本矩阵为：

$$X = (x_1, \ x_2, \ \cdots, \ x_p) = \begin{pmatrix} x_{11}, \ x_{12}, \ \cdots, \ x_{1p} \\ x_{21}, \ x_{22}, \ \cdots, \ x_{2p} \\ \vdots \\ x_{n1}, \ x_{n2}, \ \cdots, \ x_{np} \end{pmatrix} \tag{4.13}$$

综合指标为：

$$F_1 = a_{11}x_1 + a_{21}x_2 + \cdots + a_{p1}x_p$$
$$F_2 = a_{12}x_1 + a_{22}x_2 + \cdots + a_{p2}x_2$$
$$\vdots$$
$$F_m = a_{1m}x_1 + a_{2m}x_2 + \cdots + a_{pm}x_m \tag{4.14}$$

简写为：$F_m = a_{1i} + a_{2i} + \cdots + a_{pm}x_m$ ($i = 1$，2，$\cdots$，m)，并取 $a_{1i}^2 + a_{2i}^2 + \cdots +$

$a_{pi}^2 = 1$。其中，x_{mn} 为矩阵变量，a_{mn} 为协方差矩阵。条件：（1）F_i 与 F_j 不相关（$i \neq j$；$i,\ j = 1,\ 2,\ \cdots,\ m$）；（2）$F_1$ 是 x_1，x_2，$\cdots$，x_p 的所有线性函数组合中方差最大者，并以此类推。

4.1.4 数据来源与处理

农业碳排放数据、农业碳汇数据通过笔者测算获取，相关测算方法及部分结果（限于篇幅，未全部罗列）详见第 3 章内容。农业从业人口数据源自各省（区、市）历年统计年鉴，农业增加值出自历年《中国农村统计年鉴》，并基于 2011 年不变价进行调整；GDP、R&D 投入比重、环境污染防治投入均来源于历年《中国统计年鉴》。农业碳排放影子价格测度所涉及的原始数据也均出自历年《中国农村统计年鉴》。

4.2 结果与分析

4.2.1 指标权重确定及省域聚类分组

基于所测算的历年农业碳排放、碳汇量以及其他基础数据的收集与整理，运用熵值法确定各指标的具体权重。结果表明，农业从业人口规模所占权重最大，为 37.04%；农业增加值以微弱劣势紧随其后，为 36.05%；二类指标累计占比达到了 73.09%，表明它们在农业碳排放权分配过程中所起作用最大。与之对应，农业生态承载力作为可行性原则的代表性指标，占比为 16.61%；而农业碳生产力权重最小，仅为 10.30%。同时，根据 k - 均值聚类结果，可将我国 31 个省（区、市）划分为 5 个区组，各区组的具体构成及典型特征如表 4-3 所示。其中，第 I 区组包括北京、天津、辽宁、浙江、福建、海南、重庆、陕西 5 省 3 市；第 II 区组包括上海、西藏、甘肃、青海、宁夏 2 省 2 区 1 市；第 III 区组包括河北、山东、河南 3 省；第 IV 区组包括山西、内蒙古、吉林、黑龙江、广西、新疆 3 省 3 区；

第Ⅴ区组包括江苏、安徽、江西、湖北、湖南、广东、四川、贵州、云南9省。

表4-3　　　　中国31个省（区、市）的聚类结果及典型特征

区组	省区名单	典型特征
Ⅰ	北京、天津、辽宁、浙江、福建、海南、重庆、陕西	农业从业人口数量少、农业增加值低、农业碳生产力高，减排潜力处于居中水平
Ⅱ	上海、西藏、甘肃、青海、宁夏	农业从业人口数量少、农业增加值与农业碳生产力均比较低，减排潜力较差
Ⅲ	河北、山东、河南	农业从业人口数量多、农业增加值与农业碳生产力均较高，减排潜力较强
Ⅳ	山西、内蒙古、吉林、黑龙江、广西、新疆	农业从业人口数量少、农业增加值较低、农业碳生产力处于居中水平，减排潜力较强
Ⅴ	江苏、安徽、江西、湖北、湖南、广东、四川、贵州、云南	农业从业人口数量、农业增加值、农业碳生产力以及减排潜力均处于居中水平

4.2.2　中国农业碳排放权省区分配方案

首先，借助公式（4.7）核算我国2017～2030年总的农业碳排放权，然后基于各项指标权重乘以相应的组中心占比得到5大区组的农业碳排放权分配比重，如表4-4所示。结果显示，2017～2030年期间我国总的农业碳排放权为367488.91万吨，其中第Ⅰ、第Ⅱ、第Ⅲ、第Ⅳ和第Ⅴ区组的分配占比依次为13.16%、5.66%、37.88%、18.74%和24.56%。接下来，借助方向性距离函数，测算31个省（区、市）农业碳排放的影子价格，发现北京最高，其减排1千克农业碳排放会导致11.22元的经济损失；海南、山东、陕西和山西依次排在2～5位；相比较而言，西藏农业碳排放的影子价格最低，仅为0.39元/千克，而青海、新疆、贵州和四川依次排在倒数2～5位。影子价格较高，意味着减排成本越大，其中北京、海南、山东三地主要源于农业生产水平较高，单位产出所导致的碳排放量小，实施碳减排必将承受较高的经济代价；而陕西、山西则归结于农业生产禀赋

总体较差，加之农业科技水平相对落后，使减排难度较大，实施减排所面临的经济损失较高。最后，根据一些学者（王勇等，2018）的常规做法，基于各地区影子价格的不同完成对 5 大区组各省区 2017～2030 年农业碳排放权的最终分配，具体参照公式（4.12），结果详见表 4－4。

表 4－4　　　　　　　2017～2030 年中国农业碳排放权的省区分配

地区		影子价格	碳排放权配额			地区		影子价格	碳排放权配额		
类别	省区	元/千克	数量（万吨）	占比（%）	排名	类别	省区	元/千克	数量（万吨）	占比（%）	排名
I 区组 13.16%	北京	11.22	11204.64	3.05	12		山西	6.63	18093.29	4.92	4
	天津	3.00	2995.07	0.82	27	IV区组 18.74%	内蒙古	3.57	9725.81	2.65	15
	辽宁	5.30	5298.63	1.44	23		吉林	4.89	13349.22	3.63	6
	浙江	4.37	4363.98	1.19	25		黑龙江	4.36	11893.63	3.24	10
	福建	2.95	2944.58	0.80	28		广西	4.81	13110.85	3.57	8
	海南	10.07	10056.34	2.74	14		新疆	0.98	2682.91	0.73	29
	重庆	4.10	4091.85	1.11	26	V区组 24.56%	江苏	2.70	6938.23	1.89	19
	陕西	7.40	7389.44	2.01	18		安徽	4.88	12541.78	3.41	9
II 区组 5.66%	上海	3.57	6108.19	1.66	21		江西	3.50	8996.06	2.45	16
	西藏	0.39	676.26	0.18	31		湖北	4.43	11391.55	3.10	11
	甘肃	4.70	8059.50	2.19	17		湖南	4.16	10684.51	2.91	13
	青海	0.75	1291.97	0.35	30		广东	5.63	14455.37	3.93	5
	宁夏	2.72	4664.26	1.27	24		四川	2.56	6572.34	1.79	20
III 区组 37.88%	河北	4.52	33317.70	9.07	3		贵州	2.12	5449.51	1.48	22
	山东	8.02	59208.08	16.11	1		云南	5.15	13244.69	3.60	7
	河南	6.33	46688.68	12.70	2	合计		—	367488.91	100.00	—

从表 4－4 中不难发现，2017～2030 年期间我国 31 个（区、市）的农业碳排放权分配悬殊，其中配额最高的地区是山东，高达 59208.08 万吨，占该阶段全国总碳排放权的 16.11%，河南、河北紧随其后分列 2、3 位，其份额占比也达到了 12.70% 和 9.07%；排在 4～10 位的依次是山

西（4.92%）、广东（3.93%）、吉林（3.63%）、云南（3.60%）、广西（3.57%）、安徽（3.41%）和黑龙江（3.24%）。上述 10 地农业碳排放权的累计配额占比高达 64.19%，从省域构成来看，以传统农业大省（山东、河南、河北、吉林、黑龙江、安徽）为主，同时还包括一些农业发展极具典型地方特色的省区，这些特点促使各地区对农业碳排放权的需求扩大，若分配不足则可能会延缓各自的农业发展进程。农业碳排放权配额最少的地区是西藏，仅占 0.18%；青海（0.35%）、新疆（0.73%）、福建（0.80%）、天津（0.82%）等地依次排在倒数 2~5 位。这些地区或受制于农业产业结构与规模，或归结于农业经济发展水平较为滞后，或源于农业碳的边际减排成本较低，使得最终所分配的碳排放权数额较少。

4.2.3 中国各省区农业碳排放权空间余额对比分析

将 2017~2030 年理论农业碳排放权年均值与 2017 年实际农业碳排放量相减即可得到各省区的农业碳排放权的初始空间余额，如表 4-5 所示。由其可知，目前全国有 10 个省区出现盈余。其中，山东农业碳排放权初始空间余额最高，达到了 2715.07 万吨；河南、河北、山西、北京依次排在 2~5 位，各自余额均在 700 万吨以上，分别为 1559.80 万吨、1206.58 万吨、933.48 万吨和 760.20 吨。除此之外，海南、上海、吉林、宁夏、天津的农业碳排放权也表现出了空间盈余特征。从区域分布来看，东、中、西部地区均有涉及，根据成因差异可大致分为三类：（1）以河北、山东、河南、吉林等粮食主产省份为代表的"高排放、高配额"地区，这些地区的农业以高投入、高产出为典型特征，虽引发了大量碳排放，但得益于排放权配额较高，使其初始空间余额能处于盈余状态。（2）以北京、山西、海南等地为代表的"低排放、高配额"地区，这些区域农业产业占比较低且生产效率处于居中或较高水平，促使各自农业碳排放量均呈现较低水平，但由于碳排放影子价格较高，客观保证了其排放权的高配额状态。（3）除此之外的天津、上海、宁夏三地则表现出"低排放、低配额"特征，主要归结于农业生产规模总体较小，所引发的碳排放量相对有限，同时碳排权配额虽低却高于农业碳排放量。

表 4-5　　　中国各省（区、市）农业碳排放权空间余额区域比较　　单位：万吨

地区	分配额	排放量	空间余额	排名	类型	地区	分配额	排放量	空间余额	排名	类型
北京	800.33	40.13	760.20	5	空间盈余	湖北	813.68	1747.68	-934.00	28	重度匮乏
天津	213.93	77.58	136.35	10	空间盈余	湖南	763.18	1935.44	-1172.26	31	重度匮乏
河北	2379.84	1173.26	1206.58	3	空间盈余	广东	1032.53	1124.09	-91.56	13	轻度匮乏
山西	1292.38	358.90	933.48	4	空间盈余	广西	936.49	1156.02	-219.53	17	轻度匮乏
内蒙古	694.70	1212.41	-517.71	24	中度匮乏	海南	718.31	212.32	505.99	6	空间盈余
辽宁	378.47	695.37	-316.90	20	中度匮乏	重庆	292.28	429.30	-137.02	15	轻度匮乏
吉林	953.52	688.30	265.22	8	空间盈余	四川	469.45	1605.17	-1135.72	30	重度匮乏
黑龙江	849.54	1217.18	-367.64	23	中度匮乏	贵州	389.25	601.71	-212.46	16	轻度匮乏
上海	436.30	87.24	349.06	7	空间盈余	云南	946.05	1076.80	-130.75	14	轻度匮乏
江苏	495.59	1569.47	-1073.88	29	重度匮乏	西藏	48.30	373.06	-324.76	21	中度匮乏
浙江	311.71	616.94	-305.23	19	中度匮乏	陕西	527.82	539.26	-11.44	11	轻度匮乏
安徽	895.84	1631.69	-735.85	25	中度匮乏	甘肃	575.68	621.37	-45.69	12	轻度匮乏
福建	210.33	559.56	-349.23	22	中度匮乏	青海	92.28	349.62	-257.34	18	轻度匮乏
江西	642.58	1491.46	-848.88	26	重度匮乏	宁夏	333.16	178.22	154.94	9	空间盈余
山东	4229.15	1514.08	2715.07	1	空间盈余	新疆	191.64	1122.84	-931.2	27	重度匮乏
河南	3334.91	1775.11	1559.80	2	空间盈余	—	—	—	—		

　　其他 21 个地区的农业碳排放权初始空间余额均呈现出一定程度的匮乏，而根据各自的实际匮乏程度，可将其划分为三类：（1）轻度匮乏地区，即农业碳排放权初始空间余额为 -300 万~0 万吨，包括广东、广西、重庆、贵州、云南、陕西、甘肃、青海 8 地，除了广东外，其他地区均分布于我国西部地区。其中，广东、广西、云南三地属于典型的"高排放、高配额"地区，理论配额均在当前排放量的 80% 以上；陕西、甘肃两地农业碳排放权配额与其碳排放量均处于中等水平，前者略少于后者，减排压力相对较小；其他各地基本都属于"低排放、低配额"地区，但青海的碳排放权配额甚至不及当前自身农业碳排放量的 30%，面临极大减排压力。（2）中度匮乏地区，即农业碳排放权初始空间余额为 -800 万~ -300 万吨，包含内蒙古、辽宁、黑龙江、浙江、安徽、福建和西藏 7 地，从地缘分布来看，东、中、西部地区均有涉及。其中，内蒙古、黑龙江、安徽

三地均属于"高排放、高配额"地区，呈现中度匮乏特征主要源于各自农业碳排放量居高不下；辽宁、浙江、福建三地情形基本类似，可归为"中低排放、低配额"地区，其理论配额均不及当前各自农业碳排放量的60%，面临较大减排压力。(3)重度匮乏地区，即农业碳排放权初始空间余额低于 −800 万吨，包含江苏、江西、湖北、湖南、四川和新疆6地，均为我国传统农业大省，都表现为"高配额、高排放"特征，但由于排放量明显大于理论配额，所以从目前情形来看，均面临极为严重的排放赤字，当前只能通过其他省份的农业碳排放权转移来弥补自身不足，如不采取有效措施将对其他地区带来较大伤害，同时也严重违背了农业碳排放的公平性原则。

4.2.4 碳排放权匮乏地区农业碳排放压力评估

根据前文所构建指标评价体系，完成对碳排放权匮乏地区农业碳减排压力的综合评估，结果如图4-1所示。从图中易知，西藏的综合评分要明显高于其他20个地区，表明其目前面临极大减排压力。青海、贵州、甘肃、四川、新疆、广西和云南紧随其后，依次排在2~8位，其评分大多介于40~60之间（云南除外），均面临较大减排压力，从地域分布来看全部位于我国西部地区。与此对应，广东、陕西、湖北、内蒙古、江苏、浙江6地综合评分处于较低水平，均在20分以下，减排压力相对较小；其他7地则属于减排压力居中地区，其分值均介于20~35分之间，集中分布于我国东、中部地区。在此基础上展开深入分析可知，各地区农业碳减排压力水平与其碳排放权匮乏数量之间并未完全表现出同一趋势。其中，西藏、青海、贵州、甘肃、广西、云南6地虽农业碳排放权匮乏量较低，但由于自身多方原因却面临较大减排压力；江西、湖南、安徽、江苏、内蒙古、湖北6地情形正好相反，各地区虽然农业碳排放权匮乏量较高但其所面临的减排压力却处于中、低水平；而除此之外的其他9个地区基本呈现出了同一趋势，如以四川、新疆等为代表的"高匮乏量、高减排压力"地区，和以陕西、广东为代表的"低匮乏量、低减排压力"地区。

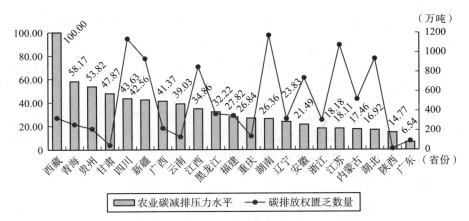

图 4-1 碳排放权匮乏地区农业碳减排压力综合评估结果

注：为了便于直观比较，将分值最高者换算成100，其他地区以100为基准，以此类推。

4.3 本章小结

本章通过构建农业碳排放权省区分配模型完成了省区分配，在此基础上与当前各地实际农业碳排放量进行比对，明晰了各自初始空间余额。从中得出的主要结论包括：

（1）2017～2030年期间，我国31个省（区、市）农业碳排放权分配悬殊，其中山东配额最高，达到了59208.08万吨，占该阶段全国总碳排放权的16.11%；河南、河北、山西、广东、吉林、云南、广西、安徽和黑龙江依次排在2～10位；通过加总可知，10地的累计配额占比高达64.19%。与此对应，农业碳排放权配额最少的地区是西藏，仅为0.18%，青海、新疆、福建、天津依次排在倒数2～5位。

（2）全国有10个省区在2017年时间点上的农业碳排放权初始空间余额表现为盈余状态，其中也以山东最高，达到了2715.07万吨，河南、河北、山西、北京依次排在2～5位。根据成因差异可大致分为三类：一是以河北、山东、河南、吉林等粮食主产省份为代表的"高排放、高配额"地区；二是以北京、山西、海南等地为代表的"低排放、高配额"地区；三是以天津、上海、宁夏等地为代表的"低排放、低配额"地区。

（3）全国其他21个省区在2017年时间点上的农业碳排放权初始空间余额均表现出一定程度的匮乏。进而，根据各个省区的实际匮乏程度，可将其划分以广东、广西、重庆等8地为代表的轻度匮乏（农业碳排放权初始空间余额为 –300万～0万吨）地区，以内蒙古、辽宁、黑龙江等7地为代表的中度匮乏（农业碳排放权初始空间余额为 –800万～ –500万吨）地区，以及以江苏、江西等6地为代表的重度匮乏（农业碳排放权初始空间余额低于 –800万吨）地区。

（4）农业碳减排压力评估结果显示，在21个农业碳排放权表现出匮乏特征的地区中，西藏所面临的减排压力要明显高于其他20个省区，属于压力极大地区；青海、贵州、甘肃等7地依次排在2～8位，可归为减排压力较大地区；相比较而言，广东、陕西、湖北等6地减排压力相对较小；而其他7地则属于减排压力居中地区。进一步深入分析可知，各地区农业碳减排压力水平与其碳排放权匮乏数量之间并未完全表现出同一趋势。

第 5 章
补贴与奖惩结合下的农业碳减排补偿机制构建

在确定 31 个省（区、市）农业碳排放权分配额度并厘清各自初始空间余额之后，本章将以此为基础探索奖惩结合模式下的农业碳排放权补偿制度；与此同时，进一步完善农业碳汇补贴制度，并将其与农业碳排放权奖惩制度有机结合，形成新型农业碳减排补偿机制；而后则以中国及各省（区、市）作为研究对象进行实证检验。具体而言，本章内容分为五节：第一节为研究缘起。主要阐述实施农业碳减排工作的现实必要性与可能的路径选择方式。第二节是理论分析。主要论述构建农业碳减排补偿机制的背景与必要性、所应坚持的基本原则以及内容构成与实现路径。第三节为研究方法与数据来源。结合本章研究目的，一方面分别对农业碳汇与农业碳排放权的定价与实施方法进行重点介绍，另一方面则对研究所需相关数据的具体出处进行必要阐述。第四节为研究结果与分析。结合本章研究目的，依次完成农业碳汇补贴额度、农业碳排放权奖惩额度与农业碳减排补偿机制的综合比较，而后在此基础上对其进行简要评述。第五节是对本章内容进行小结。

5.1　研究缘起

新中国成立尤其是改革开放 40 余年来，我国社会经济得到了蓬勃发展，由一个落后的农业国发展成为世界第二大经济体、第一制造业和贸易大国。但在欣喜与自豪的同时，我们也需正视当前所面临的巨大挑战，如温室气体排放量高居世界第一、经济增长主要通过牺牲环境来换取等。相对落后的经济发展模式目前已饱受各方诟病，为了扭转这一不利局面，必须加快推进节能减排步伐、着力实现经济高质量发展。在这一过程中，第二、第三产业温室气体减排固然重要，但农业生产领域所蕴含的碳减排潜力也不容小觑。IPCC 评估结果显示，全球 13.5% 的温室气体源于农业生产活动（Norse，2017），在中国这一比重甚至达到了 16% ~ 17%（赵文晋等，2010；田云等，2013），且该数值仍然存在继续扩大的可能。与此同时，我国正处于由传统农业和初级现代化农业并存逐步向全面现代化农业转变的关键时期，农机作业已成常态化，对化肥、农药等农用物资的依赖更胜以前，这在促进农业生产效率大幅提升的同时，一定程度上也导致了温室气体排放的不断加剧。在此背景下，如何既能保证我国粮食安全与各类农产品的有效供给，同时又能在应对全球气候变化的行动过程中做出实质性贡献？显然，这取决于未来我国农业碳减排道路的正确选择以及区域间农业碳减排的公平性与协同性。

2016 年 4 月，中国政府于纽约联合国总部签署《巴黎协定》，同年 9 月全国人大常委会完成了相关法律程序并对该决议予以通过，这也标志着我国正式加入《巴黎协定》。接下来，我们将朝着政府所承诺的减排目标（2030 年单位 GDP 碳排放量较 2005 年减少 65%）努力前行，而具体到农业生产部门，增汇减排将成为主要手段。这是由农业的特殊属性所决定的，因为它兼具碳源与碳汇的双重属性：一方面，各类农用物资的投入使用以及畜禽排泄物的产生导致了大量温室气体排放；另一方面，农作物因为光合作用需要吸收了大量的二氧化碳，客观上发挥了碳汇作用。如何更好地实现增汇减排，进而加快推进农业碳减排步伐？激励机制与奖惩制度均不可少。其中，激励机制可尝试以农业碳汇补贴的形式予以落实，通过其价值的评估与实现反哺农业生产者；而奖惩制度则可通过碳补偿金的形式予以实现，其以各省级行政区的碳排放权初始空间余额作为依据，盈余地区获得碳补偿金，而匮乏地区则需缴纳碳罚金。具体而言，本章将在理论阐述农业碳减排补偿机制构建框架的基础上，以中国 31 个省级行政区作为分析对象，完成对各自农业碳减排补偿金额的测度并分析其主要特征。

5.2 农业碳减排补偿机制构建的理论分析

5.2.1 构建背景及必要性

自从全球决定应对气候变化以来，"低碳生产"已逐步深入人心，并被纳入各个国家或地区的中长期发展规划之中，但不同于能源供应领域，作用机理复杂、原始数据收集困难、核算成本高昂等显著特点使得农业碳减排行动在实际过程中举步维艰、效率低下（陈儒等，2017）。近年来，随着农业碳计量方法在学界的广泛运用，农业生产部门已被证实具有一定的净碳汇效应（田云、张俊飚，2013；陈儒等，2018），表现出了较强的正外部属性。在此境况下，将生态补偿的理论构思与低碳发展的现实目标诉求有机结合，进而以此为基础构建碳减排补偿机制，无疑能为当前农业碳减排工作的顺利推进提供重要保障。已有不少学者围绕农业特定领域的碳补偿方案展开探讨，主要涉及农田生态系统（黄强等，2013；Xiong et al.，2017）、粮食作物生产（李颖等，2014）、设施蔬菜生产（宋博、穆月英，2015）、功能区土地利用（李璐等，2019）以及森林（于金娜、姚顺波，2012；曾以禹等，2014）、草原（杨小杰、杜受祜，2013；Chen and Ma，2016）和退耕还林碳汇项目（曹超学、文冰，2009；王正淑，2016）的建设等方面。与此同时，也有一些学者围绕省域低碳农业横向空间生态补偿（陈儒等，2018）和公平视角下的地区碳生态补偿问题（吴立军、李文秀，2019）展开研究，从他们的研究内容来看，虽然追求的最终目标一致，但各自的实践路径却千差万别，其中前者主要着眼于农业碳汇补贴视角的生态补偿，而后者更偏向于区域农业碳排放数量约束下的碳补偿机制完善。

由于我国各省级行政区在农业资源禀赋、社会经济发展水平以及农业生产结构等各个方面均存在较大差异，使得我们在构建农业碳补偿机制时需兼顾各个地区的内在特点，并以此为基础准确识别补偿主体和补偿客体，确定合适的补偿原则、补偿模式和补偿标准。在过去生态补偿理论发展的几十年里，先后出现了污染者付费、保护者受益、受益者付费等多类用于划分主体和客体的补偿原则（史军，李超，2017）。补偿模式则经历了一个由最初对环境破坏行为进行惩治到如今对亲环境行为实施补偿和激励的演变过程。在实际分析中，一般以农业碳收支核算结果（即农业碳汇与碳排放之间的差额）作为补偿依据（赵荣钦等，2014；张巍，2018），同时参照国内外碳交易所或交易中心的价格系数，以此为基础确定最终的补偿标准。总体而言，目前对农业碳补偿的研究仍处于探索阶段，更多地集中于某一类具体活动的碳补偿评估，抑或特定视角下的碳补偿系统分析，而较少从区域间进行横向比较或相互协调，同时在补偿机制的构建方面视角选择相对单一，并未将不同路径纳入同一分析框架进行深度探讨。在当前我国政府大力推进生态补偿机制的现实背景下，我们应抓住这一重大历史机遇，不断完善农业碳补偿机制，以为加快推进农业碳减排进程奠定坚实基础。

从现阶段来看，逐步完善农业碳减排补偿机制已刻不容缓，究其原因，主要源于以下几个方面：一是全面贯彻国家大政方针的现实需要。2018年12月出台的《国务院办公厅关于健全生态保护补偿机制的意见》中，明确提出要建立起由政府主导、社会大众广泛参与，且通过市场化进行运作的可持续生态保护补偿机制，同时坚持稳定投入，创新补偿机制，确保生态保护者和受益者之间的有机统一。而农业生态作为区域生态中的重要一环，完善其碳补偿机制是响应当前国家方针政策的现实举措，这显然有助于政府各种资源的倾斜和相关阻力的减弱。二是现有补偿模式仍存在一些不足。比如，农业碳补偿机制的领域选择多集中于某一农业生产部门或特定生产环节，而缺少必要的宏观把握、内容整合以及区域比较与地区协同；又如，在补偿方式的选择上仍存在一定欠缺，主要表现在聚焦点较为单一，绝大多数学者都围绕农业净碳汇补贴展开探讨，而忽视了各个地区自身农业属性与碳排放特征的不同，且对农业碳减排过程中公平性与效率性问题关注不够；除此之外，还缺少对不同类型农业碳补偿方式的有机整合，导致相对全面、系统的补偿机制未能形成。三是农民增收途径亟待拓展。近些年来，我国主要农产品产量、价格均无太大变化，但农用物资投入与人工成本却显著提升，由此导致农业增收效应受到极大影响。与此同时，我国虽施行多项农业补贴政策，但实际平摊至每个农户的补贴却相对有限，甚至不到农民人均纯收入的5%；且更为不利的是，当前所施行的农业补贴政策以"黄箱"政策①为主，多属于世界贸易组织（WTO）《农业协定》亟须限制甚至逐步削减的政策范围，从长远来看显然不利于补贴金额的持续增加。在此境况下，基于碳汇视角拓展现有农业补贴机制已显得刻不容缓，不仅由于它属于"绿箱"政策②，能有效规避 WTO《农业协定》的规章制约，更为重要的是，它还能促进农业增效、农民增收。

5.2.2　构建原则

为了确保农业碳减排补偿机制的科学性与可行性，本书将按照"兼容并包、系统整合""效率优先、兼顾公平""补贴为主、奖惩为辅""由点及面、循序渐进"等原则完成最终补偿机制的构建。

（1）兼容并包、系统整合。目前，虽然已形成了不少关于碳减排以及农业碳减排补偿机制的研究成果，但在具体实施方式的论证上却呈现出极大差异，或对象选择较为小众，或实施模式较为单一，或实践路径不具备可行性等。造成上述不足的关键在于，一些学者构建农业碳减排补偿机制时缺少对不同类型文献的系统梳理，且在重要思想观念的认知上也表现出了一定的群体排他性，即认为自己所属群体秉承的想法、思路是正确的，而其他作者群体的观点则不可取。受此影响，使得现有农业碳减排补偿机制一般都呈现单维特性，而未表现出多维属性。鉴于此，本书后续将秉承"兼容并包、系统整合"原则，充分吸纳不同学者好的做法，在此基础上结合笔者的自身理解与认知，完成农业碳减排补偿机制的系统构建。

（2）效率优先、兼顾公平。在确定农业碳减排补偿方案时，一定要坚

---

① 根据《农业协议》，将那些对生产和贸易产生扭曲作用的政策称为"黄箱"政策措施，要求成员方必须进行削减。"黄箱"政策措施主要包括：价格补贴，营销贷款，面积补贴，牲畜数量补贴，种子、肥料、灌溉等投入补贴，以及部分有补贴的贷款项目。

② "绿箱"政策是用来描述在回合农业协议下不需要作出减让承诺的国内支持政策的术语，是指政府通过服务计划，提供没有或仅有最微小的贸易扭曲作用的农业支持补贴。"绿箱"政策是 WTO 成员国对农业实施支持与保护的重要措施。

持效率为先的原则。比如，农业碳排放权补偿标准不能"一刀切"，需结合各地区农业生产效率、碳的影子价格实施阶梯定价。在探索农业碳汇补贴制度时，可在设定基准价格的前提下，不同省区采用不同补贴标准，其中对于农业碳汇总量提升明显、碳汇逆转发生率较低的地区，可提高其碳汇补贴水平；而对于农业碳汇总量停滞不前乃至下降且碳汇逆转较为严重的地区，则可降低其碳汇补贴水平。与此同时，还需兼顾公平性原则。具体而言，在确定农业碳补偿标准之前，也要考虑各地区国民经济发展所处阶段及其农业资源禀赋、农业产业结构特点、农业碳减排压力程度、历史碳排放特征等，以此确保最终方案的公平性。

（3）补贴为主、奖惩为辅。近些年来，农业生态补偿理论总体经历了由惩罚到奖励的转变过程，早期侧重于行政处罚，并将罚金作为生态环境恢复的重要资金来源；而后则偏向于奖励，对于农业生产者的各类亲环境行为予以物资或者现金奖励。不同于以往模式，本书在构建农业碳减排补偿机制时将着力于补贴、奖励与惩罚的三者融合，且以补贴为主，奖惩为辅。具体而言，一方面以农业碳汇为载体完成农业绿色补贴制度的构建，与其他农业补贴项目相类似，其资金也主要来源于中央财政公共预算所安排的专项转移支付资金；另一方面则以各地区农业碳排权分配额度与其实际农业碳排放量之间的差值作为依据完成农业碳排放权奖惩制度的构建，对于碳排放权盈余地区将给予一定奖励，而奖励资金则源于对碳排放权匮乏地区的处罚。

（4）由点及面、循序渐进。考虑到任何新制度在实施过程中都可能面临诸多挑战，为此在农业碳减排补偿机制的推进上应避免急功近利，而应由点及面循序渐进。其中，对于农业碳汇补贴制度，首先可以选择典型县（市）作为试点地区，实地检验该补偿制度在促进农民增收的同时是否起到"增汇"作用，若不存在则需对其进行适当修正；而后，在综合评估该制度对社会总福利影响的基础上对其作进一步修订与完善；最后，先易后难，将这一模式逐步推广至全国各地。至于农业碳排放权补偿制度，可选择某一个省或者地级市作为试点，在对其所辖地区实施碳排放权分配的基础上结合当前碳的交易市场价格给予各自相对应的奖励或者惩处。需要说明的是，在相关补偿制度全面推行之后，政府还应加强监督与管理，通过强化立法与制度建设，确保各类政策措施的顺利实施与推进。

5.2.3　内容构成与实施路径

结合前文介绍与研究目的，研究将基于农业碳汇补贴和碳排放权奖惩两个维度完成农业碳减排补偿机制的体系构建工作。具体的运行模式与实施路径如图 5 - 1 所示。

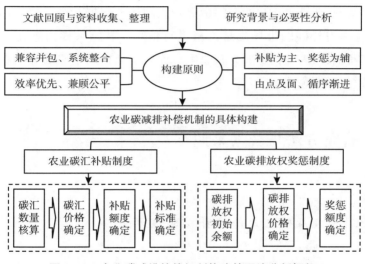

图 5 - 1　农业碳减排补偿机制构建的理论分析框架

①农业碳汇补贴制度。农业增汇虽未减少碳排放的绝对数量，但却客观上降低了大气中的碳浓度，表现出了较强的生态效应。为此，实施农业碳汇补贴是对农业生态效益的一种认可，同时也是推进我国低碳农业发展、加快生态文明建设的一项重要战略举措。关于其实施路径，主要基于以下步骤展开：首先，科学编制农业碳汇测算体系，在系统查阅文献的基础上确定碳汇因子并明晰各自的碳吸收系数；其次，基于农业碳汇测算公式定量评估历年来我国及各省级行政区农业碳汇量，形成基础数据库；再次，在厘清各地农业碳汇总量的基础上，结合当前碳的市场交易价格，明晰各省区所应给予的补贴金额；最后，基于各地区的农作物播种面积与种

植结构特征，确定具体补贴标准。

②农业碳排放权奖惩制度。加快推进农业碳减排是农业生产部门彰显温室气体减排责任担当的重要举措，其战略意义不容置喙。而在推进过程中，则离不开相关制度的有力支撑，正是基于这一现实诉求，我们设计了农业碳排放权奖惩制度。其具体实施路径大致如下：首先，基于公平性、效率性与可行性原则，完成农业碳排放权省区分配综合指标体系的构建；其次，厘清各省级行政区农业碳排放权分配数额，并将其与同一阶段实际农业碳减排量进行相减，即可得到各地区碳排放权的初始空间余额；再次，对于农业碳排放权初始空间余额匮乏地区，根据其匮乏数量、匮乏程度并结合国内外碳的市场交易价格进行估算，其结果即为惩罚金额；最后，基于收取而来的罚金成立农业生态保护基金，用于奖励那些农业碳排放权初始余额盈余的地区。

5.3　研究方法与数据来源

5.3.1　农业碳汇定价与补贴实施方法

对碳汇进行合理定价是确保农业碳汇补贴制度顺利实施的基本前提。为了起到更好的激励效应，实际定价将采用"初始价格"与"浮动价格"相结合的方式来完成。其中，初始价格参照当前各碳交易平台的成交价格，而浮动价格是根据各地区 2012～2017 年农业碳汇量的变化情况确定，如碳汇量表现出总体增长态势则在初始价格的基础上给予一定比例的上浮，反之即下调其价格。至于初始价格的确定，我们将通过搜集国内外主要碳交易所或者碳交易市场的碳汇成交价格作为其参考依据。其中，国内层面选取了北京、上海、深圳等 6 个碳排放权交易所，为了避免地域重复，未将天津、广东两地考虑在内；国外层面则选择了欧盟、加州—魁北克等 5 个典型碳市场。各个碳排放权交易所与碳市场的碳汇（亦可称为"碳排放权"）成交价格如表 5－1 所示。

表 5 – 1 国内外碳交易所、碳市场的碳汇成交价格

区域	名称	碳汇价格（元/吨）			
		2016 年	2017 年	2018 年	平均价格
国内	北京碳排放权交易所	47.79	51.76	59.44	53.00
	上海碳排放权交易所	9.66	33.17	35.63	26.15
	深圳碳排放权交易所	29.52	27.45	36.25	31.07
	湖北碳排放权交易所	18.38	15.44	20.80	18.21
	重庆碳排放权交易所	19.42	6.81	14.24	13.49
	福建碳排放权交易所	33.26	31.29	21.17	28.57
	平均价格	26.34	27.65	31.26	28.42
国外	欧盟碳市场	45.81	55.87	124.42	75.37
	加州—魁北克碳市场	79.42	96.52	96.81	90.92
	韩国碳市场	102.34	145.23	137.21	128.26
	新西兰碳市场	98.40	132.67	136.85	122.64
	瑞士碳市场	59.34	47.50	55.45	54.10
	平均价格	77.06	95.56	110.15	94.26

注：国外碳市场的碳汇价格是按照当年美元/欧元兑人民币平均汇率进行折算。相关数据主要源自中国碳排放交易网和国际碳行动伙伴组织（ICAP）官网。各年碳汇价格以当年所有成交价的平均值为准。

从中不难发现，不同机构的碳汇成交价格表现出极大差异，具体表现在：（1）国外碳市场的碳汇成交价格要明显高于国内各个碳排放权交易所。通过比较 2016～2018 年的碳汇平均成交价格可知，在国外处于最后一位的瑞士碳市场也高于居于国内首位的北京碳排放权交易所。其中以韩国碳市场的平均成交价格最高，达到了 128.26 元/吨；而价格最低的湖北碳排放权交易所仅为 18.21 元/吨。（2）无论国内还是国外，其内部碳汇价格都存在较大区别。其中，国内 6 个交易所的农业碳汇平均成交价格介于13～53 元/吨之间，榜首与榜尾之间相差接近 3 倍；国外 5 个机构成交价格的差距虽然不像国内那般夸张，但也相差接近 1.5 倍。（3）从各机构农业碳汇成交价格的年际演变轨迹来看，虽增减不一但仍以提升为主。其中，北京、上海、深圳、湖北、重庆 5 个国内碳排放权交易所，欧盟、加

州—魁北克、韩国、新西兰 4 个国外碳市场的碳汇成交价格均表现出了整体增长态势。

考虑到实施农业碳汇补贴不仅是为了更好地激励农业生产者减排增汇，同时还肩负着让农业生态功能实现经济价值的特殊使命，且所需资金也源自中央财政的转移性支付，因此对其价格的设定可尝试高于国内成交价格，而选择与国外价格接轨。在明确总体思路之后，依照公式（5.1）完成农业碳汇的最终定价：

$$S_p = S_{\dot{p}} \times (1 + \gamma) = \frac{1}{15} \sum_{x=1}^{m} \sum_{y=1}^{n} P_{xy} \times (1 + \gamma) \qquad (5.1)$$

式（5.1）中，S_p、$S_{\dot{p}}$ 分别表示农业碳汇的最终价格和初始价格，γ 为初始价格的上浮或下调程度。x 和 y 分别代表年份和具体碳市场，m 和 n 分别取值为 3 和 5。具体到本研究，就是将全部 5 个国外碳市场 2016 ~ 2018 年碳汇成交价格的平均值作为农业碳汇的初始价格，在此基础上给予一定比例的上下浮动，所得结果即为农业碳汇最终价格。本研究中，农业碳汇（碳排放权）的初始价格为 94.26 元/吨，其浮动比例参照 2012 ~ 2017 年农业碳汇的变动率予以确定，具体实施方式如表 5 - 2 所示。

表 5 - 2　　　　　　　　农业碳汇初始价格的浮动原则

变化率浮动（%）	农业碳汇增长（2012 ~ 2017 年）				农业碳汇减少（2012 ~ 2017 年）			
	>0%，≤5%	>5%，≤10%	>10%，≤20%	>20%	≥ -5%，<0%	≥ -10%，< -5%	≥ -20%，< -10%	< -20%
	5	10	15	20	-3	-6	-9	-12

注：为了秉承奖励优先原则，在增减比例类似的情形下，农业碳汇价格的上浮比例要高于下调比例。

由于农业碳汇补贴的最终受益者是农业生产者，因此在完成各省级行政区农业碳汇补贴额度的核算之后，还将面临如何发放补贴的问题。考虑到具体实施的可行性，本书参照当前耕地保护补贴的做法，以农作物播种面积作为补贴依据。具体做法是，以省作为考察对象，在明晰其农业碳汇补贴总额的基础上，结合该省农作物播种面积，计算出单位播面所应给予的补贴金额，单位为元/亩；而后基于每一个农业生产者的实际种植面积给予相应补贴。

5.3.2 农业碳排放权定价与实施方法

关于农业碳排放权的定价，将参照前文农业碳汇的定价方式，也采用"初始价格"与"浮动价格"结合的方式来进行，但实施路径又有所区别。其中，初始价格也会以各碳交易平台的成交价格作为参考依据，而浮动价格则视各地区农业碳排放权的盈余或匮乏程度而定，根据盈余额或者匮乏额与实际农业碳排放之间比值的数值差异情况分别在初始价格的基础上给予一定比例的价格上浮。对于初始价格的确定，也将参照表 5 - 1 所呈现的成交价格数据，但与农业碳汇定价不同的是，此时不选择与国外价格接轨，而以较低的国内成交价格为准。之所以如此，是考虑到农业碳排放权奖惩模式所需资金不再依赖于中央财政的转移性支付，而主要源自对减排后进地区的处罚，因此价格设置不宜过高。在明确基本思路之后，依照公式（5.2）完成农业碳排放权的最终定价：

$$C_p = C_{\hat{p}} \times (1 + \gamma) = \frac{1}{18} \sum_{x=1}^{m} \sum_{y=1}^{n} P_{xy} \times (1 + \gamma) \qquad (5.2)$$

式（5.2）中，C_p、$C_{\hat{p}}$ 分别表示农业碳排放权的最终价格和初始价格，γ 为初始价格的上浮程度。x 和 y 分别代表年份和具体碳市场，m 和 n 分别取值为 3 和 6。具体到本研究，就是将全部 6 个国内碳排放权交易所 2016 ~ 2018 年成交价格的平均值作为农业碳排放权的初始价格，在此基础上给予一定比例的上浮，所得结果即为农业碳排放权的最终价格。本研究中，农业碳排放权的初始价格为 28.42 元/吨，其浮动比例参照考察年份各地区农业碳排放权的实际盈余或者匮乏程度予以确定，具体实施方式如表 5 - 3 所示。

该项制度如能实施，未来还将面临着相关部门或者机构的设立以及奖惩资金的初始来源、筹集与流向问题。为此，在国家层面，农业农村部可考虑设置农业碳排放权交易办公室，用以协调各省级行政区因为农业碳排放权奖惩制度的施行所引发的各类奖励与处罚问题，如处罚资金的收取和汇总、奖励资金的分配与发放。各省区农业农村厅也应设置相应办公机构，

表 5 – 3 农业碳排放权初始价格的浮动原则

变化率浮动（%）	农业碳排放权盈余程度（奖励）				农业碳排放权欠缺程度（处罚）		
	>0%，≤20%	>20%，≤50%	>50%，≤100%	>100%	≥ –20%，<0%	≥ –50%，< –20%	≥ –100%，< –50%
	3	6	9	12	5	10	15

注：盈余（欠缺）程度指农业碳排放权初始余额与考察年份碳排放量之间的比值；其中盈余程度的取值介于（0，＋∞），欠缺程度的取值介于［ –100%，0）；同时，为了更好地引导各省区推进农业碳减排工作，若增减比例大致相当，实施处罚的价格上浮力度要高于其奖励价格的上浮。

负责本地区农业碳减排工作的推进与各项奖惩资金的往来处理。至于资金来源，初始资金由国家财政予以一定支持，地方政府则给予相应配套；而制度实施之后，资金问题则由各农业农村厅独立面对，若因为奖励产生了大量盈余资金，相关部门可将其投入到农业生态环境保护方面；若因减排不力需缴纳大量罚款而自身却无结余资金，则由当地农业农村厅统筹协调并予以解决。

5.3.3　数据来源及处理

本章研究所涉及的农业碳排放量、农业碳汇量及其各自动态变化情形相关数据均引自本书第 3 章内容，而农业碳排放权初始余额数据则出自本书第 4 章内容。鉴于相关内容在前文已展开系统阐述，在此对各自测算所需原始数据的来源、构成及其所对应的处理方式就不做过多介绍。

5.4　研究结果与分析

5.4.1　农业碳汇补贴的省域比较

首先，基于 2012～2017 年农业碳汇的增减变化特点，并结合已确定的初始价格数值，完成各省区农业碳汇的最终定价。其次，将农业碳汇数量与最终定价相乘即可得到各地区的农业碳汇补贴额度。最后，立足于补贴额度与农作物播种面积，则可计算出各个地区的碳汇补贴标准。通过实证分析，得到 31 个省（区、市）的农业碳汇价格、补贴额度与补贴标准，如表 5 - 4 所示。

表 5 - 4　　　　农业碳汇价格、补贴额度以及补贴标准的省域比较

| 地区 | 农业碳汇现状 | | 碳汇价格 | | | 农业碳汇补贴 | | | |
| | 总量（万吨） | 增减变化（%） | 初始价格（元/吨） | 浮动比例（%） | 最终定价（元/吨） | 补贴额度 | | 补贴标准 | |
						额度（亿元）	排名	标准（元/亩）	排名
北京	55.16	-60.96	94.26	-12.00	82.95	0.46	31	25.23	20
天津	245.52	9.07	94.26	10.00	103.69	2.55	26	38.62	7
河北	4480.36	5.22	94.26	10.00	103.69	46.46	5	36.95	8
山西	1429.24	1.76	94.26	5.00	98.97	14.15	19	26.36	16
内蒙古	3439.92	30.00	94.26	20.00	113.11	38.91	9	28.78	13
辽宁	2483.12	6.81	94.26	10.00	103.69	25.75	14	41.14	5
吉林	4212.03	24.30	94.26	20.00	113.11	47.64	4	52.19	1
黑龙江	7091.33	28.64	94.26	20.00	113.11	80.21	2	36.21	9
上海	108.82	-24.55	94.26	-12.00	82.95	0.90	30	21.12	23
江苏	3923.12	3.81	94.26	5.00	98.97	38.83	10	34.26	12
浙江	689.92	-20.96	94.26	-12.00	82.95	5.72	23	19.26	26
安徽	4242.32	13.20	94.26	15.00	108.40	45.99	6	35.13	10
福建	497.06	-24.57	94.26	-12.00	82.95	4.12	24	17.74	28
江西	2140.82	6.43	94.26	10.00	103.69	22.20	16	26.24	18
山东	6597.20	10.75	94.26	15.00	108.40	71.51	3	42.92	4
河南	7936.96	12.78	94.26	15.00	108.40	86.04	1	38.93	6
湖北	3263.44	6.78	94.26	10.00	103.69	33.84	12	28.35	14
湖南	3196.42	1.36	94.26	5.00	98.97	31.64	13	25.34	19
广东	1881.30	-7.49	94.26	-6.00	88.60	16.67	17	26.29	17
广西	4685.78	-6.21	94.26	-6.00	88.60	41.52	8	46.36	3

续表

地区	农业碳汇现状		碳汇价格			农业碳汇补贴			
	总量（万吨）	增减变化（%）	初始价格（元/吨）	浮动比例（%）	最终定价（元/吨）	补贴额度		补贴标准	
						额度（亿元）	排名	标准（元/亩）	排名
海南	220.38	-42.92	94.26	-12.00	82.95	1.83	27	17.18	29
重庆	1005.64	-0.67	94.26	-3.00	91.43	9.19	22	18.36	27
四川	3703.88	7.76	94.26	10.00	103.69	38.40	11	26.74	15
贵州	1310.70	16.10	94.26	15.00	108.40	14.21	18	16.74	30
云南	2594.04	-2.55	94.26	-3.00	91.43	23.72	15	23.28	21
西藏	122.45	10.22	94.26	15.00	108.40	1.33	28	34.82	11
陕西	1375.78	-4.72	94.26	-3.00	91.43	12.58	20	20.64	25
甘肃	1178.30	1.25	94.26	5.00	98.97	11.66	21	20.72	24
青海	135.75	-7.43	94.26	-6.00	88.60	1.20	29	14.44	31
宁夏	386.41	0.85	94.26	5.00	98.97	3.82	25	22.51	22
新疆	3675.89	21.22	94.26	20.00	113.11	41.58	7	47.09	2
全国	78309.40		—	—	—	814.61		32.65	—

注：增减变化特指农业碳汇最近五年内的数量变化情况，具体到本研究，则是考察2017年农业碳汇较2012年的增减变化情况。初始价格以最近三年国际碳市场的平均成交价格为准，由前文分析可知，2016~2018年国际市场的平均成交价格为94.26元/吨。虽然农地面积的衡量单位一般应为公顷，但考虑到我国仍以小农为主（很多家庭农作物播种面积加总都不到1公顷）的现实境况，特选择"公亩"作为衡量播种面积的具体单位。

（1）农业碳汇补贴额度的省域比较。从中不难发现，由于2012~2017年农业碳汇量所呈现出的增减变化，使得碳汇定价形成了7个档次，从高到低依次为113.11元/吨、108.40元/吨、103.69元/吨、98.97元/吨、91.43元/吨、88.60元/吨和82.95元/吨。碳汇价格的不同导致各省区补贴金额与其实际农业碳汇量的排名并非完全一致。具体到补贴额度，河南、黑龙江以较大优势占据前两位，分别达到了86.04亿元和80.21亿元；山东仍居第3位，其补贴金额为71.51亿元，但与河南、黑龙江相比差距较为明显；吉林升至第4位，河北、安徽维持第5、6位不变，新疆则升至第7位，上述4地的农业碳汇补贴额度依次为47.64亿元、46.46亿元、

45.99 亿元和 41.58 亿元；广西、江苏名次均有所下降，分别排在第 8 和第 10 位，两地补贴金额为 41.52 亿元和 38.83 亿元；而内蒙古则升至第 9 位，其补贴额度为 38.91 亿元。通过计算可知，上述 10 地所需补贴金额占到了农业碳汇补贴总额的 66.13%。与此对应，北京碳汇补贴额度最低，仅为 0.46 亿元，上海、青海、西藏和海南依次排在倒数 2~5 位，其补贴金额分别为 0.90 亿元、1.20 亿元、1.33 亿元和 1.83 亿元。

（2）农业碳汇补贴标准的省域比较。由于受农作物种植结构、生产力水平等因素影响，各地区农业碳汇补贴发放标准也表现出了极大差异。其中，吉林以较大优势占据榜首位置，其补贴标准甚至突破了 50 元大关，达到了 52.19 元/亩；新疆、广西紧随其后位列 2、3 位，两地补贴标准较为接近，分别为 47.09 元/亩和 46.36 元/亩；山东、辽宁、河南、天津、河北、黑龙江和安徽依次排在 4~10 位，其农业碳汇补贴标准分别为 42.92 元/亩、41.14 元/亩、38.93 元/亩、38.62 元/亩、36.95 元/亩、36.21 元/亩和 35.13 元/亩。与此对应，补贴标准最低的地区是青海，仅为 14.44 元/亩，甚至不及榜首吉林 30% 的水平；贵州、海南、福建、重庆、浙江、陕西、甘肃、上海和宁夏依次排在倒数 2~10 位，其碳汇补贴发放标准分别为 16.74 元/亩、17.18 元/亩、17.74 元/亩、18.36 元/亩、19.26 元/亩、20.64 元/亩、20.72 元/亩、21.12 元/亩和 22.51 元/亩。综合来看，传统农业大省在碳汇补贴发放标准上也处于相对优势的地位。

（3）农业碳汇补贴水平的综合评价。进一步，为了更为直观地展现农业碳汇补贴的地区差异，基于各省级行政区的碳汇补贴额度以及补贴标准，科学构建农业碳汇补贴综合评价矩阵，以期对 31 个省（区、市）进行合理聚类。具体而言，若某地区的农业碳汇补贴额度高于 31 个省（区、市）的平均值（经计算为 27.67 亿元），可认为其属于高收益地区，反之则认定为低收益地区；如某地区碳汇补贴标准高于全国平均水平（经计算为 32.65 元/吨），则将其归为高效益地区，反之则界定为低效益地区。具体矩阵构成与区域聚类结果如图 5-2 所示。

由图 5-2 可知，我国农业碳汇补贴呈现较为明显的两极分化格局，即以收益、效益"双高"或者"双低"型地区为主。具体而言，河北、吉林、黑龙江、江苏等 7 省 2 区属于"双高"型地区，即农业碳汇补贴额度

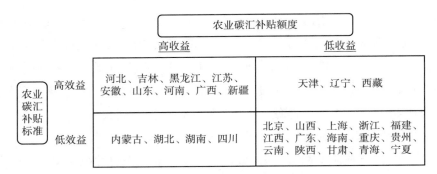

图 5－2　我国 31 个省（区、市）农业碳汇补贴综合评价结果

与补贴标准均超出全国平均水平，其中河北、吉林、黑龙江、江苏、安徽、山东、河南 7 地均为我国粮食主产省区，无论生产总量还是单产水平在全国范围内均属较高水准，由此客观保证了其碳汇补贴水平处于一流之列；广西、新疆两地则归结于某几类经济作物的绝对优势地位，如 2017 年广西的甘蔗产量占到了全国甘蔗总量的 68.31%，新疆的棉花和甜菜产量分别占了全国棉花和甜菜生产总量的 80.79% 和 47.77%[1]，而这几类作物均具备较强的碳汇效应。内蒙古、湖北等 3 省 1 区为"高收益—低效益"型地区，即补贴额度高于各省平均水平但补贴标准却在平均水准之下，上述 4 地均为我国粮食主产省区，农作物生产均占据相对重要地位，由此保证了各自农业碳汇补贴额度处于较高水平；但同时，这些地区虽为农业大省却非农业强省，虽农业生产规模较大却缺少比较优势较强的农产品，客观上制约了其单产水平与农业碳汇效应。天津、辽宁、西藏 3 地为"低收益—高效益"型地区，即补贴额度低于各省平均水平而补贴标准要高于整体平均水准，其中辽宁虽为粮食主产省区，但其生产规模在我国只算中等，而天津、西藏则均非农业生产大省，上述原因导致 3 地农业碳汇补贴额度不高；但得益于合理的种植结构、较低的复种指数，使得它们的农业碳汇补贴标准处于较高水准。北京、山西、上海、浙江等 11 省 1 区 3 市属于"双低"型地区，即农业碳汇补贴额度与补贴标准均低于平均水准。从省份构成来看，除江西之外其他地区均非粮食主产省区，从地域分布来

---

① 相关结果由笔者根据《中国统计年鉴》的原始数据计算得来。

看，除江西、山西两地外均位于东部沿海和西北、西南地区，总体而言，上述地区或受制于农业资源禀赋条件较差（西部诸省），或源于自身农业生产力水平较低（江西），或归结于农业地位的逐步下降（东部沿海省份），导致各自农业碳汇补贴水平在全国处于相对靠后的位置。

5.4.2　农业碳排放权奖惩额度的省域比较

首先，基于 2017 年农业碳排放权初始余额的盈余与匮乏程度，并结合已确定的初始价格数值，完成各省区农业碳排放权奖惩的最终定价。而后，将农业碳排放权初始余额与最终定价相乘即可得到各地区的农业碳排放权奖励额度或者处罚额度。通过实证分析，得到 31 个省（区、市）农业碳排放权的奖励价格与处罚价格、奖励额度与处罚额度，如表 5-5 所示。

表 5-5　　　农业碳排放权价格、奖励额度以及处罚额度的省域比较

地区	农业碳排放权特征			碳排放权价格			农业碳排放权奖惩			
							奖励额度		处罚额度	
	初始余额（万吨）	农业碳排放量（万吨）	盈余（匮乏）程度（%）	初始价格（元/吨）	浮动比例（%）	最终定价（元/吨）	额度（亿元）	排名	额度（亿元）	排名
北京	760.20	40.13	1894.34	28.42	12.00	31.83	8.872	5		
天津	136.35	77.58	175.75	28.42	12.00	31.83	1.591	10		
河北	1206.58	1173.26	102.84	28.42	12.00	31.83	14.082	3		
山西	933.48	358.90	260.09	28.42	12.00	31.83	10.895	4		
内蒙古	-517.71	1212.41	-42.70	28.42	10.00	31.26			5.934	8
辽宁	-316.90	695.37	-45.57	28.42	10.00	31.26			3.633	12
吉林	265.22	688.30	38.53	28.42	6.00	30.13	2.930	8		
黑龙江	-367.64	1217.18	-30.20	28.42	10.00	31.26			4.214	9
上海	349.06	87.24	400.11	28.42	12.00	31.83	4.074	7		
江苏	-1073.88	1569.47	-68.42	28.42	15.00	32.68			12.869	3
浙江	-305.23	616.94	-49.47	28.42	10.00	31.26			3.499	13

地区	农业碳排放权特征			碳排放权价格			农业碳排放权奖惩			
							奖励额度		处罚额度	
	初始余额（万吨）	农业碳排放量（万吨）	盈余（匮乏）程度（%）	初始价格（元/吨）	浮动比例（%）	最终定价（元/吨）	额度（亿元）	排名	额度（亿元）	排名
安徽	-735.85	1631.69	-45.10	28.42	10.00	31.26			8.435	7
福建	-349.23	559.56	-62.41	28.42	15.00	32.68			4.185	10
江西	-848.88	1491.46	-56.92	28.42	15.00	32.68			10.173	6
山东	2715.07	1514.08	179.32	28.42	12.00	31.83	31.688	1		
河南	1559.80	1775.11	87.87	28.42	9.00	30.98	17.717	2		
湖北	-934.00	1747.68	-53.44	28.42	15.00	32.68			11.193	4
湖南	-1172.26	1935.44	-60.57	28.42	15.00	32.68			14.048	1
广东	-91.56	1124.09	-8.15	28.42	5.00	29.84			1.002	19
广西	-219.53	1156.02	-18.99	28.42	5.00	29.84			2.402	16
海南	505.99	212.32	238.31	28.42	12.00	31.83	5.905	6		
重庆	-137.02	429.30	-31.92	28.42	10.00	31.26			1.571	17
四川	-1135.72	1605.17	-70.75	28.42	15.00	32.68			13.610	2
贵州	-212.46	601.71	-35.31	28.42	10.00	31.26			2.435	15
云南	-130.75	1076.80	-12.14	28.42	5.00	29.84			1.431	18
西藏	-324.76	373.06	-87.05	28.42	15.00	32.68			3.892	11
陕西	-11.44	539.26	-2.12	28.42	5.00	29.84			0.125	21
甘肃	-45.69	621.37	-7.35	28.42	5.00	29.84			0.500	20
青海	-257.34	349.62	-73.61	28.42	15.00	32.68			3.084	14
宁夏	154.94	178.22	86.94	28.42	9.00	30.98	1.760	9		
新疆	-931.20	1122.84	-82.93	28.42	15.00	32.68			11.159	5

注：碳排权初始余额与各地农业碳排放量均是以标准碳的形式进行统计的，而碳排放权价格则以二氧化碳为准，因此在计算奖惩金额时，首先需将碳排放初始余额转换成标准二氧化碳，即在原始数据的基础上乘以44/12。盈余（匮乏）程度特指碳排放权初始余额与考察年份农业碳排放量之间的比值，在本研究中考察年份为2017年。初始价格以最近三年国内碳排权交易所的平均成交价格为准，由前文分析可知，2016～2018年国内6个主要碳排放权交易所的平均成交价格为28.42元/吨。

（1）农业碳排放权奖励额度的省域比较。基于各地区 2017 年农业碳排放权初始余额的实际盈余程度，使得碳排放权的奖励定价形成了 3 个档次，从高到低依次为 31.83 元/吨、30.98 元/吨和 30.13 元/吨。通过分析可知，有 10 个地区可以享受因为农业碳排放权盈余所给予的奖励，累计奖励金额高达 99.514 亿元。具体到各个地区，山东以绝对优势占据榜首，其所能获取的奖励金额高达 31.688 亿元；河南居于第 2 位，其补贴金额也超过了 15 亿元，为 17.717 元；河北、山西、北京依次排在 3~5 位，上述 3 地的农业碳排放权奖励额度分别为 14.082 亿元、10.895 亿元和 8.872 亿元。与此对应，天津所获奖励最少，仅为 1.591 亿元。综合来看，虽然有 10 个地区享受到了农业碳排放权奖励，但内部的两极分化现象较为突出，山东、河南两地的奖励之和占到了总奖励金额的近 50%。

（2）农业碳排放权处罚额度的省域比较。基于各地区 2017 年农业碳排放权初始余额的实际匮乏程度，使得碳排放权的处罚价格也形成了 3 个档次，从高到低依次为 32.68 元/吨、31.26 元/吨和 29.84 元/吨。通过分析发现，多达 21 个地区因为农业碳排放权处于匮乏状态而受到处罚，累计处罚金额高达 119.394 亿元。具体到各个地区，湖南所面临的压力最大，按照现行标准需支付罚金 14.048 亿元；四川以微弱劣势紧随其后，其处罚额度也达到了 13.610 亿元；江苏、湖北和新疆依次排在 3~5 位，上述 3 地的农业碳排放权处罚额度分别为 12.869 亿元、11.193 亿元和 11.159 亿元。与此对应，陕西所需缴纳的罚款额度最低，仅为 0.125 亿元，甘肃和广东紧随其后，依次排在倒数 2~3 位，其处罚金额分别为 0.500 亿元和 1.002 亿元。综合来看，21 个地区的受罚金额虽也存在两极分化现象，但分化程度要略微好于碳排放权奖励。

5.4.3 农业碳减排补偿收益的综合比较

在明晰各省级行政区农业碳汇补贴额度与农业碳排放权奖惩额度之后，有必要将两者统一纳入农业碳减排补偿机制中进行综合比较。具体而言，将两者数值进行相加即可得到 31 个省（区、市）的最终补偿金额，相关结果如表 5-6、图 5-3 所示。

表5-6   我国31个省（区、市）农业碳减排补偿的综合效应   单位：亿元

地区	补贴额度	奖惩额度	补偿金额	排名	地区	补贴额度	奖惩额度	补偿金额	排名
北京	0.46	8.87	9.33	22	湖北	33.84	-11.19	22.65	13
天津	2.55	1.59	4.14	27	湖南	31.64	-14.05	17.59	16
河北	46.46	14.08	60.54	4	广东	16.67	-1.00	15.67	17
山西	14.15	10.90	25.05	11	广西	41.52	-2.40	39.12	6
内蒙古	38.91	-5.93	32.98	8	海南	1.83	5.91	7.74	23
辽宁	25.75	-3.63	22.12	15	重庆	9.19	-1.57	7.62	24
吉林	47.64	2.93	50.57	5	四川	38.4	-13.61	24.79	12
黑龙江	80.21	-4.21	76.00	3	贵州	14.21	-2.44	11.78	20
上海	0.90	4.07	4.97	26	云南	23.72	-1.43	22.29	14
江苏	38.83	-12.87	25.96	10	西藏	1.33	-3.89	-2.56	31
浙江	5.72	-3.50	2.22	28	陕西	12.58	-0.13	12.46	18
安徽	45.99	-8.44	37.56	7	甘肃	11.66	-0.50	11.16	21
福建	4.12	-4.19	-0.06	29	青海	1.2	-3.08	-1.88	30
江西	22.2	-10.17	12.03	19	宁夏	3.82	1.76	5.58	25
山东	71.51	31.69	103.20	2	新疆	41.58	-11.16	30.42	9
河南	86.04	17.72	103.76	1					

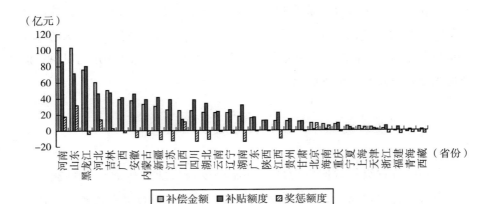

图5-3 我国31个省（区、市）农业碳减排补偿金数额比较

由表5-6易知，河南以微弱优势占据碳减排补偿金额的榜首位置，其

累计可获得 103.76 亿元的减排补偿金，山东紧随其后排在第 2 位，其减排补偿金也达到了 103.20 亿元；作为仅有的两个补偿金额超过百亿的省份，河南、山东毫无疑问占据第一梯队，这也与两者农业强省的地位高度匹配。黑龙江、河北和吉林依次排在 3 ~ 5 位，其所能享受的碳减排补偿金分别为 76.00 亿元、60.54 亿元和 50.57 亿元，虽明显低于河南、山东两地，但与后续省份相比也拉开了 10 亿元以上差距，因此可将上述 3 地归为第二梯队。广西、安徽、内蒙古、新疆、江苏、山西、四川、湖北、云南、辽宁 10 省区依次排在 6 ~ 15 位，各自农业碳减排补偿金均介于 20 亿 ~ 40 亿元之间，其中金额最高的广西为 39.12 亿元，相比排名第 5 位的吉林差距明显，金额最低的辽宁为 22.12 亿元，却明显高于排在其后的湖南；为此，可将上述 10 地统一认定为第三梯队。湖南、广东、陕西、江西、贵州、甘肃、北京、海南、重庆、宁夏、上海、天津和浙江 13 地依次排在 16 ~ 28 位，除湖南、广东两地外，其他各地区所能享受的碳减排补偿金都在 15 亿元以下、0 以上，这些地区可全部归为第四梯队。福建、青海、西藏排在最后 3 位，三地不仅无法享受到补偿金带来的实惠，而且还需承担数额不低的罚金，其中西藏所要缴纳的罚金最高，达到了 2.56 亿元；由于上述 3 地属于农业碳减排补偿机制实施下的"负收益"省份，为此单独成为一档，归为第五梯队。综合来看，我国绝大多数省份都能享受农业碳减排补偿机制所带来的绿色收益，且未来若增汇减排工作更为突出，其收益还会进一步提升。但同时，也有极少数省区未能享受到补偿机制所带来的绿色红利，甚至还被处以数额不等的罚金，这些地区在今后应强化农业碳减排工作，力争早日摆脱"负收益"窘境。

5.4.4 基本评述

本章构建了一个由农业碳汇补贴制度与农业碳排权奖惩制度组成的农业碳减排补偿机制体系，而后以我国 31 个省（区、市）的原始数据为基础，完成了农业碳汇补贴与农业碳排放权奖惩金额的有效测度，两者相加即为各地区所能享受到的农业碳减排补偿收益。虽然从细节来看，研究可能存在一定欠缺之处，如农业碳汇测算是否高度精确、农业碳汇与碳排放权定价是否完全科学合理、所核算出来的农业碳减排补偿金是否绝对可靠、实际中农业碳减排补偿机制是否能真正意义上推广等。但是，本书的初衷是在绿色发展战略的现实背景下探索出一条有助于农业温室气体减排的新型路径，更为突出碳减排补偿机制的构建与实施路径的探讨，而实证研究仅为辅助，只是为了检验机制构建与方法选择的可行性，因此碳减排补偿金额核算结果仅作为参考。虽然从总体来看，书中所构建的农业碳减排补偿机制由设想到实践还有很长的一段路要走，但不可否认其对当前农业生态补偿机制的进一步完善具有重要的参考价值。

5.5 本章小结

本章尝试探索了补贴与奖惩结合模式下的农业碳减排补偿机制，并以 31 个省（区、市）作为研究对象进行了实证检验。从中得出的主要结论包括：

（1）农业碳汇补贴额度方面，河南、黑龙江以较大优势占据前两位，分别达到了 86.04 亿元和 80.21 亿元，山东、吉林、河北分列 3~5 位；北京最低，仅为 0.46 亿元，上海、青海、西藏和海南依次排在倒数 2~5 位。农业碳汇补贴标准方面，吉林以较大优势居首，达到了 52.19 元/吨，新疆、广西、山东、辽宁紧随其后，分列 2~5 位；补贴标准最低的地区是青海，仅为 14.44 元/亩，贵州、海南、福建、重庆依次排在倒数 2~5 位。基于各地区碳汇补贴额度与发放标准的数值差异，可将 31 个省（区、市）划分成以河北、吉林、黑龙江、江苏等 9 地为代表的"双高"型地区，以内蒙古、湖北等 4 地为代表的"高收益—低效益"地区，以天津、辽宁等 3 地为代表的"低收益—高效益"型地区，以及以北京、山西、上海、浙江、福建等 15 地为代表的"双低"型地区。

（2）农业碳排放权奖励额度方面，有 10 个地区可以享受因为农业碳排放权盈余所给予的奖励，累计奖励金额高达 99.514 亿元。其中山东以绝对优势占据榜首，其所能获取的奖励金额高达 31.688 亿元；而天津所获奖励最少，仅为 1.591 亿元。综合来看，享受到奖励的 10 个地区内部两极分化极为严重，山东、河南两地的奖励之和占到了总奖励金额的近50%。处罚额度方面，通过分析发现，有多达21个地区因为农业碳排放权处于匮乏状态而受到处罚，累计处罚金额高达119.394亿元。其中湖南所遭受的处罚力度最大，需支付罚金14.048亿元，四川、江苏、河南和新疆以较少差距分列2~5位；相比较而言，陕西所需缴纳的罚款额度最低，仅为0.125亿元。综合来看，21个地区的受罚金额虽也存在两极分化现象，但分化程度要稍好一点。

（3）农业碳减排补偿机制的综合效应显示，河南以微弱优势占据碳减排补偿金额的榜首位置，其累计可获得103.76亿元的减排补偿金；山东紧随其后排在第2位，其补偿金也到了103.20亿元；黑龙江、河北和吉林依次排在3~5位；与此对应，西藏、青海和福建依次排在倒数后3位，三地不仅无法享受到补偿金带来的实惠，而且还需承担数额不低的罚金。结合各省区碳减排补偿金数额的数值差异，可以将其划分为以河南、山东为代表的第一梯队、以黑龙江、河北、吉林3地为代表的第二梯队，以广西、安徽、内蒙古、新疆、江苏等10地为代表的第三梯队，以湖南、广东、陕西、江西、贵州、甘肃等13地为代表的第四梯队，以及以福建、青海、西藏3地为代表的第五梯队。虽然总体来看，书中所构建的农业碳减排补偿机制由设想到实践还有很长的一段路要走，但不可否认其对当前农业生态补偿机制的进一步完善具有重要的参考价值。

第 6 章
低碳发展视域下农户节能减排
生产意愿及行为分析

　　第 4 章、第 5 章在厘清我国农业碳排放权省域分配的基础上，围绕农业碳减排补偿机制形成了系统探索，这为接下来完善农业碳减排思路提供了重要依据。但同时，也需明确一点，即政策引领、财政保障与技术支持固然有助于农业碳减排工作的顺利推进，但我们也决不能忽视微观农业生产主体在其中所扮演的重要角色。考虑到当前普通农户仍是我国从事农业生产活动的第一行为主体，有必要围绕其农业低碳生产意愿及相关行为特征展开系统研究。具体而言，本章内容由四节构成：第一节为研究缘起，基于理论层面论述探究农户农业低碳生产意愿与行为问题的必要性与紧迫性；第二节是农户农业低碳生产意愿及其影响因素分析，在厘清农户低碳农业生产参与意愿的基础上，重点分析认知程度、未来预期对其意愿选择的影响及作用方向；第三节是农户农业低碳生产行为及其影响因素分析，具体以化肥和农药的实际使用情况为例，在明晰低碳生产现状的同时，着重探讨制约农户农业低碳生产行为的核心因素；第四节为本章小节。

6.1　研究缘起

　　在当前我国全面践行绿色发展战略的现实境况下，加快推进农业生产低碳转型已刻不容缓。在这一过程中，政策保障与财政支持固然重要，但我们也不能忽视微观农业生产主体所扮演的重要角色。事实上，在必要的政策引领与财政、技术支持的基础上，让农业生产者广泛采用各类农业低碳生产技术、切实践行低碳生产行为才是实现农业碳减排的根本所在。近年来，虽然我国各类农业合作经营组织正蓬勃发展且规模不断壮大，但截至当前，以小农经济为主的农业发展模式仍未彻底改变，普通农户依旧是从事农业生产活动最为普遍的行为主体。正是基于此，有必要围绕农户农业低碳生产问题展开研究。从现有研究来看，虽然国内外已经积累了大量有关农业碳问题的研究文献，但绝大多数是关于农业碳排放（包括基本特征、影响机理、效率评价以及减排潜力等）与农业低碳发展（涵盖现状与问题、基本模式与改进策略、评价体系构建与测算比较等），总体以宏观层面的分析为主。虽有少数学者也曾围绕农业低碳生产技术的采用意愿、利用行为等展开研究，并得出了一些极具价值的研究结论，但稍显不足的是，多基于某一个方面，未能形成相对系统的研究体系，少有学者将农户农业低碳生产意愿与其相关生产行为问题纳入同一分析框架进行考察。有鉴于此，本章重点围绕两个方面予以拓展：一是解析农户农业低碳（即节能减排）生产意愿并分析其影响机理，尤其考察认知程度与未来预期两类变量对农户农业低碳生产意愿所可能产生的影响；二是深入探究农户农业低碳生产行为，并重点考察影响其行为选择的关键性动因。

6.2　农户农业低碳生产意愿及其影响因素分析

目前，虽然也有部分学者从微观农户视角出发，围绕某一类具体低碳生产技术的选择意愿展开探讨，但解释变量多聚焦于户主个人特征与农户家庭经营特征，而较少涉及其他层面。而在现实中，农户是否愿意参与低碳生产，除了与户主自身特点以及家庭境况紧密相关之外，还可能受其低碳信息的获取能力、基本认知水平以及对低碳农业发展的未来预期等因素的影响。为此，本书接下来试图弥补当前研究所存在的不足，利用在武汉城郊农村地区所获取的微观数据，以 Logistics 模型作为分析方法，在将户主个人与家庭特征作为控制变量的基础上，重点探讨认知程度与未来预期两类变量对农户农业低碳生产意愿的实际影响，以期通过相关结论的获取为我国科学应对温室气体减排压力、着力实现农业生产低碳转型等一系列实际工作提供参考依据。

6.2.1 数据来源及样本描述

为了检验认知程度、未来预期是否对农户农业低碳生产意愿产生了显著性影响，本书使用了课题组 2016 年 10 ~ 12 月对武汉市农村地区开展实地调研所获取的微观农户数据。此次调查主要围绕农户农业生产现状与其低碳生产意愿及行为等问题展开。具体的抽样过程是：首先，基于江夏、新洲和黄陂三大远城区，各选择一个典型镇或街道进行调查，其中，江夏区为法泗镇，新洲区为凤凰镇，黄陂区为长轩岭街道；其次，综合考虑社会经济发展水平、距离镇（街道）中心的距离、农业生产结构及特点等各个方面的差异，运用典型抽样法于每一个乡镇（街道）抽取 5 ~ 6 个村庄，而后利用随机抽样法于每个村庄选取 25 ~ 30 个农户进行入户调查。此次调查共计发放问卷 450 份，顺利回收问卷 439 份，其中包含有效问卷 414 份，问卷有效率为 94.31%。

表 6 - 1 列出了样本农户的基本特征。调查结果显示，户主以男性为主，

表 6 - 1   **样本农户及户主的基本特征描述**

户主特征	样本分类	人数（人）	百分比（%）	家庭特征	样本分类	个数（户）	百分比（%）
性别	男	249	60.14	劳动力数量	1 人	43	10.39
	女	165	39.86		2 人	193	46.62
年龄	40 岁及以下	42	10.14		3 人	102	24.64
	41 ~ 50 岁	234	56.52		4 人及以上	76	18.36
	51 ~ 60 岁	85	20.53	耕地面积	5 亩及以下	85	20.53
	60 岁以上	53	12.80		5.01 ~ 10 亩	126	30.43

续表

户主特征	样本分类	人数（人）	百分比（%）	家庭特征	样本分类	个数（户）	百分比（%）
文化程度	识字很少	43	10.39	耕地面积	10.01~15 亩	178	43.00
	小学	111	26.81		15 亩以上	25	6.04
	初中	193	46.62	农业收入占比	25% 以下	32	7.73
	高中或中专	62	14.98		25.01%~50%	91	21.98
	大专及以上	5	1.21		50.01%~75%	179	43.24
务农年限	10 年及以下	20	4.83		75.01%~100%	112	27.05
	11~20 年	190	45.89	收入水平	10000 元及以下	127	30.68
	21~30 年	137	33.09		10001~30000 元	220	53.14
	30 年以上	67	16.18		30001 元及以上	67	16.18

其比重超过 60%；年龄集中在 40 岁以上，其占比高达 89.86%；文化程度以初中及以下为主，拥有大专及以上学历的人占比不到 2%；绝大多数户主务农年限超过 10 年，仅有 4.83% 的户主务农年限为 10 年及以下。家庭特征方面，劳动力数量为 2 人的农户数量最多，高达 193 户，占比超过 45%；超过 40% 的农户耕地经营面积介于 10.01~15 亩之间；绝大多数家庭农业收入占比在 50% 以上，仅有不到 30% 的农户占比在 50% 以下；超过半数的农户家庭收入介于 10001~30000 元之间。

6.2.2 农户农业低碳生产参与意愿

结合低碳生产的一般概念可知，农业低碳生产以减少二氧化碳排放为目标，并在保证产出稳定的基础上，实现整个生产过程的低能耗、低污染与高碳汇。我们所熟知的生态农业、两型农业以及循环农业都是农业低碳生产的重要表现形式。得益于近些年来政府部门以及社会各界的大力宣传与因势利导，越来越多的农户开始对低碳农业理念有所了解（调查数据表明，其所占比重达到了 44.69%），并逐步拥有参与农业低碳生产的主观意愿，这一现象在城郊农村地区相对普遍。为了更好地厘清制约农户倾向农业低碳生产的关键性因素，首要任务是亟须明确受访农户参与农业低碳生产的现实意愿情况。具体而言，在对受访者进行必要的农业低碳生产知识宣传之后，以"您是否愿意参与农业低碳生产活动"作为判断标准：倘若农户答案选择为"是"，表明其参与意愿强烈，愿意以实际行动践行农业低碳生产；反之则说明其参与意愿弱，更倾向于传统农业生产方式。调查结果显示，所有受访农户中有 157 个家庭具备农业低碳生产意愿，所占比重为 37.92%；而余下 257 个农户则无类似意愿，占比为 62.08%。由此可见，在一些城郊农村地区，虽然越来越多的农户从主观意识上开始倾向于农业低碳生产，但可能受限于自身认知水平的不足以及对未来预期收益的担忧，其所占比重仍不算太高，存在较大提升空间。

6.2.3 变量选取与模型设定

6.2.3.1 核心变量选取

基于本书研究目的并结合已有研究成果，拟从以下 3 个方面来探究影响农户农业低碳生产意愿的关键性因素。

（1）认知程度。

①信息接收程度。信息资源的接收程度会极大影响农户农业生产决策（褚彩虹等，2012）。一般地，当农户通过互联网、有线电视、报纸杂志等不同媒介接收各类外部信息时，也会不自觉地获取一些农业政策、农业技术以及环保知识方面的相关信息。在此情形下，农户学习低碳农业知识、了解农业低碳生产技术的基本概率也就越高，毫无疑问这将有助于提升其参与农业低碳生产的意愿。为此，本研究预测，信息接收程度变量应该具有正向影响。

②低碳农业了解程度。已有研究显示，低碳农业概念了解与否会对农户的生产决策产生显著性影响（侯博、应瑞瑶，2015）。其中，若农户对低碳农业理念了解越有限，其学习低碳农业相关知识与技术的兴趣就越小，进而尝试农业低碳生产的可能性就越低；反之，若农户对低碳的理论内涵了解越深入，则越有可能系统掌握低碳生产知识与技术，进而选择农

业低碳生产的可能性就越大。为此，本研究预测，低碳农业了解程度变量也会对农户农业低碳生产意愿产生正向影响。

③低碳农业培训参与情况。通常情形下，是否参与农业培训或者参与培训次数的多寡都会极大影响农户农业生产决策（李卫等，2017）。这一特性也可能适用于农业低碳生产（李波、梅倩，2017），倘若农户从未参与低碳农业相关培训，则其不但不能深入了解低碳农业，甚至还会产生认知误区；反之，若农户参与了低碳农业培训，则可能对其形成较为全面的认知，由此可以消除因信息不对称所可能诱发的农业生产逆向选择行为。为此，本研究预测，低碳农业培训参与情况变量具有正向影响。

（2）未来预期。

①品质预期。已有研究表明，农产品品质预期通常会对农户低碳农业决策行为产生显著影响（陈昌洪，2013）。一般地，若农户认定参与农业低碳生产活动所获取的农产品品质会高于其他农业生产方式，且总体收益不会受到明显影响，其选择农业低碳生产的可能性就越发强烈；相反，若农户认定低碳生产获取的农产品品质可能低于常规生产方式，或者稳定性较弱，其低碳生产意愿必将大大减弱。为此，本研究预测，品质预期这一变量具有正向影响。

②价格预期。已有研究表明，农产品预期出售价格也会对农户农业决策行为产生明显影响（刘帅、钟甫宁，2011；苗珊珊、陆迁，2013）。若农户认为采取低碳生产方式所生产的农产品价格高于一般农产品，且具有一定的保障机制，则农户可能会拥有更强的农业低碳生产意愿；反之，若农户认定参与低碳生产活动之后农产品价格与普通生产方式相比并无优势，且价格极不稳定，其参与低碳生产的可能性就会降低。为此，本研究预测，价格预期这一变量具有正向影响。

③成本预期。一般地，生产成本是农户选择农业生产方式的重要依据。参照已有研究结果（Garbach et al.，2012）也可大致判断，若农户觉得从事农业低碳生产活动的成本低于普通农业生产方式，其参与农业低碳生产的可能性就更大；相反，若农户预计参与农业低碳生产活动的成本要高于一般农业生产方式，其选择农业低碳生产的意愿必将受到一些影响。为此，本研究预测，成本预期这一变量具有负向影响。

④声誉预期。低碳农业对个人声誉和农产品声誉的潜在影响也会导致农户农业生产决策受到一定冲击（浦徐进等，2011；岳柳青等，2017）。若农户认为通过低碳生产有利于其在政府、合作组织以及农产品交易市场上赢得较好的个人声誉与产品声誉，进而使自身形象及农产品品牌形象得到一定提升，其参与农业低碳生产的可能性就越大。相反，若农户认定实施低碳生产不仅无法带来声誉的提升甚至还会使声誉遭受一些影响，其农业低碳生产参与意愿就极有可能会大幅减弱。为此，本研究预测，声誉预期这一变量具有正向影响。

⑤政府支持预期。政府是否支持低碳农业发展在很大程度上也会影响农户农业生产决策与行为（赵玉凤，2012；熊冬洋，2017）。一般地，政府在政策、资金方面的支持力度越大，其低碳农业生产及交易的成本就越低，农户参与农业低碳生产的意愿可能更加强烈；反之，若政府缺乏相应支持，低碳农业推广及交易的难度则会增大，农户参与农业低碳生产的意愿可能就会受到影响。为此，本研究预测，政府支持预期这一变量具有正向影响。

（3）控制变量。

考虑到户主以及农户自身家庭的重要性，特选取户主个人特征与其家庭基本特征作为控制变量。其中，个人特征方面，已有研究证实，性别、年龄、文化程度、务农年限（田云等，2015；苏向辉等，2017）对农户农业低碳生产意愿与行为均产生了显著影响。由此，本研究选择户主个人特征变量如下：性别，男性和女性的赋值分别为 1 和 0；年龄，以户主实际年龄（周岁）为准；文化程度，以户主实际受教育年限（年）进行衡量；务农年限，以户主实际务农年限（年）进行衡量。家庭特征方面，结合已有研究，主要考察劳动力数量、耕地面积、收入水平、农业收入占比等因素是否对农户农业低碳生产意愿选择产生了显著影响。具体而言，劳动力数量以受访家庭所拥有的实际劳动力人数（人）为准，耕地面积以家庭实际经营耕地面积（亩）为准；收入水平以家庭年收入（元）作为衡量标准；农业收入占比主要考察务农收入占家庭总收入的实际比重（%）。

6.2.3.2　模型设定

为了分析认知程度、未来预期两类变量是否对农户农业低碳生产意愿产生了显著影响，在此将构建一个关于农户农业低碳生产的意愿分析模型。考虑到农户是否具有低碳生产意愿（y）为一个二元分类变量，故研究将选择二元 Logistic 模型来展开分析。具体而言，用 p 表示农户愿意参与农业低碳生产的概率，则：

$$p = \frac{e^{f(x)}}{1 + e^{f(x)}} \tag{6.1}$$

$$1 - p = \frac{1}{1 + e^{f(x)}} \tag{6.2}$$

由此可以得到农户拥有农业低碳生产参与意愿的机会比率是：

$$\frac{p}{1-p} = e^{f(x)} \tag{6.3}$$

将式（6.3）转化成线性方程式，可得到：

$$y = \ln\left(\frac{p}{1-p}\right) = \beta_0 + \beta_1 x_1 + \beta_2 x_2 + \cdots + \beta_i x_i + \mu \tag{6.4}$$

式（6.4）中，β_0 表示回归截距，x_1，x_2，$\cdots$，x_i 为前文所提及的自变量，β_1，β_2，$\cdots$，β_i 则是各自变量的回归系数，μ 属于随机干扰项。

6.2.3.3 变量描述

基于微观调查数据，各个变量的一般描述性信息如表 6 - 2 所示。

表 6 - 2　　　　　　　　变量的含义、均值和预期方向

变量		含义及赋值	均值	标准差	预期方向
农户农业低碳生产意愿（y）		0 = 不愿意；1 = 愿意	0.38	0.486	/
户主特征变量	性别（x_1）	女 = 0；男 = 1	0.60	0.490	正向
	年龄（x_2）	户主实际年龄（岁）	49.31	10.218	负向
	文化程度（x_3）	户主实际受教育年限（年）	8.04	2.940	正向
	务农年限（x_4）	户主实际务农年限（年）	21.10	9.446	不确定
家庭特征变量	劳动力数量（x_5）	家庭实际劳动力人数（人）	2.57	1.045	不确定
	耕地面积（x_6）	家庭实际经营耕地面积（亩）	9.18	4.217	正向
	收入水平（x_7）	家庭年收入（万元）	2.04	1.163	不确定
	农业收入占比（x_8）	25%以下 = 1；25% ~ 50% = 2；51% ~ 75% = 3；76% ~ 100% = 4	2.90	0.947	不确定

变量		含义及赋值	均值	标准差	预期方向
低碳农业认知程度变量	信息接收程度（x_9）	每周阅读报纸、看电视、上网的时间之和（小时）	18.98	6.661	正向
	低碳农业了解程度（x_{10}）	不了解 =1；了解少 =2；一般了解 =3；了解多 =4	1.64	0.848	正向
	低碳农业培训参与情况（x_{11}）	否 =0；是 =1	0.16	0.367	正向
低碳农业未来预期变量	品质预期（x_{12}）	变差 =1；基本不变 =2；略微变好 =3；大幅提升 =4	3.38	0.811	正向
	价格预期（x_{13}）	变低 =1；基本不变 =2；略微提升 =3；大幅提升 =4	3.36	0.829	正向
	成本预期（x_{14}）	减少 =1；基本不变 =2；略微增加 =3；大幅增加 =4	2.33	0.899	负向
	声誉预期（x_{15}）	变差 =1；基本不变 =2；略微变化 =3；大幅变好 =4	2.77	0.891	正向
	政府支持预期（x_{16}）	无支持 =0；有支持 =1	0.81	0.390	正向

6.2.4 研究结果与分析

在进行回归分析之前，考虑到农户认知程度、未来预期与户主个人、家庭特征等变量之间可能存在内部相关，有必要检验各自变量之间是否存在多重共线性。检验结果揭示，所有自变量的方差膨胀因子均小于 10，且多在 1.2 以内，由此表明多重共线性问题并不存在。而后，利用二元 Logistics 模型检验各自变量是否对农业低碳生产意愿产生了显著性影响。回归结果报告见表 6 - 3。

在表 6 - 3 中，模型 I 是基准模型，所选择的解释变量仅包括户主个人和家庭特征。模型 II 投入了低碳农业认知程度变量和未来预期变量，回归结果显示，信息接收程度、低碳农业了解程度、低碳农业培训参与情况、品质预期、价格预期、成本预期、声誉预期以及政府支持预期等变量均通过了显著性检验。由此表明，低碳农业认知程度和未来预期均对农户农业低碳生产意愿产生了重要影响。在接下来的研究中，将基于模型 II 的实证结果展开具体分析。

表 6 - 3　　　　　　　　　　模型回归结果

变量			模型 I		模型 II	
			系数	标准误	系数	标准误
户主特征变量		性别	0.715 **	0.943	0.815 **	0.946
		年龄	-0.078	0.421	-0.056	0.417
		受教育水平	0.102	0.987	0.075	1.005
		务农年限	-0.385 *	1.171	-0.401 *	1.173
家庭特征变量		劳动力数量	0.518 *	0.935	0.532 **	0.937
		耕地面积	0.213	0.831	0.182	0.834
		收入水平	0.364	0.763	0.415	0.761
		农业收入占比	-0.112 **	0.579	-0.103 *	0.583
低碳农业认知程度变量		信息接收程度			0.218 *	1.215
		低碳农业了解程度			0.108	0.965
		低碳农业培训参与情况			0.674 *	0.801
低碳农业未来预期变量		品质预期			0.605 *	1.792
		价格预期			0.721 **	0.523
		成本预期			1.281 ***	2.951
		声誉预期			0.368 **	1.864
		政府支持预期			2.871 ***	2.108
常数项			-3.123	1.301	-2.421	1.246
-2 倍对数似然值			634.872		589.651	
卡方检验值			37.546 ***		47.148 ***	

注: *、** 和 *** 分别表示各自变量在 10%、5% 和 1% 的统计水平上显著。

（1）认知程度的影响。回归结果显示，信息接收程度、低碳农业了解程度、低碳农业培训参与情况 3 个变量均表现出了显著的正向影响。具体而言，即农户用于信息获取的时间越长、对低碳农业理念的了解越深、参与过相关培训，其参与农业低碳生产的可能性就越大。由此可见，农户是否愿意参与低碳生产与其认知程度紧密相关。一般地，倘若此前已对低碳农业形成了一定认知或者参与过与之相关的技术培训，农户参与农业低碳生产的意愿则将得到极大提升。可能的解释是，报纸、电视、网络等信息传播媒介有力地拓宽了农户获取各类科学知识的渠道，其中也包含与低碳农业相关的基础知识，信息接收越多，农户这方面的知识素养越能得到极大提升，由此会极大激发他们参与农业低碳生产的积极性；低碳农业作为一类新兴事物，在其理念深入人心的同时，对相关技术知识以及操作层面的要求也较高，而农户对低碳农业的了解越深，克服生产过程中各类潜在问题与挑战的能力就越强，其参与农业低碳生产的可能性就越大；受自身能力与各方面保障条件的限制，对于科技含量较高的低碳生产技术农户一般也较难掌握其操作方法，从而使其效果难以凸显，而积极参与相关培训显然有助于提升农户应用各类低碳生产技术的能力，并激发其参与农业低碳生产的热情。

（2）未来预期的影响。回归结果显示，品质预期、价格预期、声誉预期以及政府支持预期4个变量均呈现出了显著的正向影响；而成本预期则表现出了负向影响。具体而言，即农户对低碳农产品的品质预期越好、价格预期越高、声誉预期越好、政府支持力度预期越大、成本预期越低，其更有可能参与农业低碳生产活动。由此可见，农户是否愿意参与农业低碳生产与其未来预期密切相关，在同等情形下，倘若农户认定从事低碳生产可以实现农产品品质、价格与声誉的提升，以及政府支持力度的加大和生产成本的降低，其农业低碳生产意愿将得到极大增强。可能的解释是，良好的品质是农产品长期立足于市场的基本前提，若低碳生产能使农产品品质得到提升，显然能增强其市场竞争力，对外销售更有保障；价格是维系农产品基本收益的关键所在，由于农产品需求价格弹性较小，只有较大幅度提高其价格才能获取较高收益，若通过低碳方式生产出来的农产品在价格上具有优势，收益将更有保障；较好的个人声誉有助于提升自身在各类组织中的地位，而较好的产品声誉则有利于农产品更好地得到市场与消费者的认可，若低碳生产能提升农户以及产品声誉，显然有助于农业生产者个人荣誉的提升以及农产品销路的进一步拓宽；相比零散农户，政府具有技术水平、信息收集以及资源优化配置的比较优势，其支持力度的加大可以有效调动各类社会资源，进而激发农户低碳生产活力；农资投入是维持较高农业生产率的重要途径，如果低碳生产能切实减少对农用物资的依赖，即可一定程度上实现生产成本的降低，由此可以极大增强农户参与低碳生产的积极性。

（3）控制变量的影响。控制变量的结果与之前相关研究基本类似。具体而言，户主特征变量中，拥有男性户主的家庭参与农业低碳生产的可能性更大，统计分析结果也证实了这一点：拥有女性户主的家庭践行农业低碳生产的比重仅为 26.21%，而当户主为男性时该比重则提升至 44.24%。相比女性，男性户主更具冒险与探索精神，对农业低碳生产技术的认可度更高、风险承担能力更强，更愿意尝试农业低碳生产。户主务农的年限越长，其家庭参与低碳生产的意愿越弱。可能的原因是，务农时限长的农户由于拥有较为丰富的农业生产阅历，实际生产中更为喜欢依赖自身经验，潜意识里可能会对各类先进农业生产技术（包括农业低碳生产技术）产生一定排斥心理，由此使得其农业低碳生产意愿相对较低。家庭特征变量中，劳动力数量表现出显著的正向作用，即家庭劳动力越多，其参与农业低碳生产的概率越大。分析结果表明，当劳动力数量分别为 1 人、2 人、3 人以及 4 人（含 4 人以上情形）时，拥有农业低碳生产意愿的农户占比情况依次为 27.91%、34.72%、42.16% 和 46.05%，明显随着劳动力数量的增加而提升。可能的原因是，劳动力数量多意味着农业生产人力成本的提升，为了降低农业生产总成本，农户愿意尝试化肥、农药等农用物资的减量化使用，切实践行农业低碳生产。农业收入占比则表现出了显著的负向影响，即农业收入所占家庭总收入的比重越大，其参与农业低碳生产的意愿越低。究其原因，可能在于农业收入占比大意味着其家庭收入主要依赖于农业生产，为了维持家庭基本开支，农户可能通过土地流转形成规模化经营或者大量种植高附加值经济作物，为了弥补自身劳动力不足，可能更倾向于"高投入、高产出"的传统农业生产模式。

6.3　农户农业低碳生产行为及其影响因素分析

通过意愿分析我们厘清了当前农户参与低碳生产的可能性以及影响他们意愿选择的主要因素，相关结论的获取能够为农户农业低碳生产意愿提升策略的逐步完善提供必要的参考依据。但在实际中，意愿与行为之间在很多时候会出现相互悖离的情形，即农户可能拥有较为强烈的农业低碳生产意愿，但限于各种原因，在实际农业生产活动中却并未付诸实施。大量研究证实，意愿与行为的悖离现象在"三农"问题中体现得尤为普遍，如农户合作意愿与其相关行为的悖离制约了农村社区小型水利设施集体行动的开展（王格玲、陆迁，2013）、农户农村生活垃圾集中处理支付意愿与其行为的悖离引发了农村环境整治行动的失败（许增巍等，2016）、农民绿色技术采纳意愿与其行为的悖离不利于农业绿色转型与可持续发展（姜利娜、赵霞，2017；余威震等，2017）等。基于此，有必要围绕农户农业低碳生产行为进行探讨，在此基础上厘清影响其行为选择的关键性因素，以为扎实推进农业低碳生产提供必要的参考依据。

6.3.1 数据来源及样本描述

为了厘清影响农户农业低碳生产行为的关键性因素，此处使用了2017年12月对湖北省黄冈市蕲春县农村地区开展实地调研所获取的微观农户数据。具体抽样过程是：首先确定刘河、青石、狮子、赤东以及彭思5个镇为典型调研区域；而后基于多方权衡与考虑，采用典型抽样法于每一个乡镇选取3~4个村庄并各自随机走访30~35个农户，通过入户调查获取相关数据。此次调查共计发放问卷414份，最终获取有效问卷406份，问卷有效率高达98.07%。表6-4列出了本次调查样本农户的基本特征。分析结果显示，户主以男性为主，其比重超过95%；年龄集中在45岁以上，其比重高达86.70%；文化程度以初中及以下为主，拥有高中及以上学历的人占比仅为15.02%；同时，11.82%的户主具有某项非农专业技能。超过半数的样本农户农地经营面积低于5亩；绝大多数家庭劳动力数量为2人及以上，累计占比高达70.44%；23.89%的家庭为建档立卡贫困户。

表6-4　　　　　样本农户及户主的基本特征描述

户主特征	选项	人数	百分比(%)	农户特征	选项	人数	百分比(%)
性别	男	386	95.07	耕地面积	0~5亩	209	51.48
	女	20	4.93		6~10亩	71	17.49
年龄	45岁及以下	54	13.30		11~15亩	75	18.47
	46~65岁	237	58.37		15亩以上	51	12.56
	66岁及以上	115	28.33	劳动力数量	0人	63	15.52
文化程度	识字很少	146	35.96		1人	57	14.04
	小学	78	19.21		2人	187	46.06
	初中	121	29.80		3人	68	16.75
	高中及以上	61	15.02		4人及以上	31	7.64
专业技能	是	48	11.82	建档立卡贫困户	是	97	23.89
	否	358	88.18		否	309	76.11

6.3.2　农户农业低碳生产行为现状

农业低碳生产是指充分依赖技术、政策与各项管理措施，在实现农业产出持续增长的同时，尽可能降低农用物资投入，进而实现农业温室气体排放量减少的一种新型农业生产模式（高文玲等，2011）。而在实际的农业生产活动中，化肥与农药的广泛使用引发了大量的碳排放，两者贡献之和占到了农业碳排放总量的25%~30%（田云等，2012；张广胜、王珊珊，2014）。减少对化肥和农药的施用数量，是农户农业低碳生产行为的重要体现，显然有助于促进农业生产低碳转型。鉴于此，在调查问卷中，我们设计了多个有关农业生态以及化肥农药使用的问题，拟通过相关数据的获取，切实厘清受访地区农户对农业低碳生产方式的基本认知与选择现状。其中，代表性问题包括"您平时是否关心生态环境问题？""化肥和农药是否会危害村庄环境及人体健康？"等，从受访者的答案选择来看，以"是"为主，即绝大多数人都极为关注生态环境问题，并认为农药与化肥的超额使用会对村庄环境及人体健康带来显著不利影响。

　　进一步，基于化肥、农药的实际使用强度考察农户在农业生产活动过程中是否践行了低碳生产。具体而言，分别设置问题"您是否按照说明书规定施用化肥？"和"您是否按照说明书规定使用农药？"，如果答案选择"否"，则需了解其是高于还是低于规定标准。实地调查结果显示（见表6-5），在化肥施用上，分别有26.60%和47.78%的农户选择低于标准和按照标准施用，25.62%的农户则选择高于标准施用，用量主要增加20%~50%，也有少数农户的这一增量超过了100%。而在农药使用上，分别有22.91%和47.05%的农户选择低于标准和按照标准使用，其余30.04%的农户则选择高于标准施用，多数农户的增量在30%以下，但也有少数农户这一增量超出50%甚至100%。由此可见，在当前的农业生产活动中，为了追求产出最大化，农户一般不会因为国家发展低碳农业的现实诉求而刻意减少对农用物资的投入，部分农户甚至还会为了追求经济效益而超量使用农用物资，由此对我国低碳农业发展形成了一定制约。

表6-5　　　　　　　　　　农户化肥施用及农药使用行为现状

	化肥施用行为			农药使用行为		
	高于标准	按照标准	低于标准	高于标准	按照标准	低于标准
样本数（户）	104	194	108	122	191	93
百分比（%）	25.62	47.78	26.60	30.04	47.05	22.91

　　从表6-5中的结果可以看出，以低于规定标准施用化肥和农药的样本所占比例较低。如果只将减量（低于标准）的情形界定为农业低碳生产行为，样本量偏少的状况可能会影响研究结论的科学性。考虑到当前我国低碳农业发展进程尚处于初级阶段，农民增量（高于标准）施用化肥、使用农药的状况较为普遍，与增量利用行为相比，按标准利用就显得相对低碳。鉴于此，在接下来的分析中，本研究把低于标准和按标准施用化肥、使用农药的行为一同视为农业低碳生产行为，而把高于标准施用化肥、使用农药的行为视为高碳生产行为。

6.3.3　变量选取与模型设定

6.3.3.1　核心变量选取

基于农户行为理论与已有相关研究成果，拟从以下 3 个方面来探究影响农户农业低碳生产行为的关键性因素。

（1）户主个人特征。

①性别。户主性别的差异通常会导致农户农业低碳生产技术选择的不同。一般而言，男性户主更具有冒险与挑战精神，敢于接受新生事物，因此在选择上更偏向于农业低碳生产技术；相对而言，女性户主的性格则偏于保守，更倾向于选择自身所熟悉的低风险农业生产模式，由此降低了其实施农业低碳生产的可能性。现实中，农业低碳生产固然能集生态功能与经济收益于一体，但也存在使农户遭受经济损失的可能。有鉴于此，本研究预期，性别变量具有正向影响，即拥有男性户主的家庭相比女性户主家庭更倾向于低碳生产行为。

②年龄。年龄通常决定着一个人的见识广度，其差异通常代表着户主生活经历与经验的不同（韩洪云、孔杨勇，2013）。一般而言，户主年龄越大，意味着见识越广，各方面的知识储备与处事经验越丰富，实际农业活动中则可能越偏向于低碳生产行为；但与此同时，年龄越大也可能意味着户主身体状况相对较差，其接受新事物的能力由此受到影响而呈现弱化状态（郑军，2013），而低碳农业在农村却属于新鲜事物；除此之外，年龄越大，户主的思想观念也可能会趋于保守，更为相信自身长期以来所积累的生产经验，而对低碳生产技术则抱有抵触情绪。因此，在笔者看来，年龄变量的影响方向相对难以确定，仍需实证进一步检验。

③文化程度。文化程度是客观反映人力资本存量的重要指标，通常会对农户的行为选择产生重大影响（田云等，2015）。一般而言，户主享有的教育年限越长，其所拥有的知识储备就越丰富，看待问题时视野更为开阔、思想更为前卫，整体认知能力也更具保障，上述优点的存在显然有助于农户生产决策的科学性，能促使其选择农业低碳生产行为。有鉴于此，

本研究预期，文化程度变量的影响方向为正，即户主受教育年限越长，其家庭选择低碳生产行为的概率越大。

④职业。在当前大量农民工进城务工的现实背景下，农业生产不再是农民唯一的职业选择方向，二、三产业相对丰厚的收益吸引了越来越多农民深度参与。而在现实中，户主职业选择的不同显然会对其家庭的农业生产方式产生影响。一方面，务农户主所拥有的农业生产经验要远优于非农户主，他们可以相对科学地掌控化肥与农药的使用量，并确保各自利用效率；另一方面，相比非农户主，务农户主对土壤拥有更为深厚的感情，一般希望农地质量不会因为化肥、农药等农用物资的过量投入而下降，故其选择农业低碳生产行为的可能性就越大。有鉴于此，本研究预期，当户主从事非农职业时，其选择农业低碳生产行为的可能性越小。

⑤健康状况。健康状况决定了农户是否有精力将大量时间投入到农业生产中，若户主身体状况极佳，其学习先进农业生产技术、农业理论乃至一些环保观念的机会就越多，同时也更有精力从事农业低碳生产活动，其选择农业低碳生产行为的可能性也就越大。与此对应，对于那些健康状况不佳的户主而言，无论是时间还是精力，都很难全身心地投入到农业生产之中，短、平、快的高碳生产模式一般更能得到他们的认可。因此，本研究预期，健康状况变量具有正向影响，即户主健康状况越好，农户选用农业低碳生产行为的可能性就越大。

（2）家庭特征。

①劳动力数量。通常而言，一个家庭拥有的劳动力数量越多，其农业采用劳动密集型生产方式的概率就较大，为了降低物质成本，可能更倾向于化肥、农药的减量化利用，即更愿意采用农业低碳生产行为；不过，在当前很多农村地区，青壮年劳动力大多选择外出务工，而中老年人却成为农业生产的主力军，在此情形下家庭劳动力数量多并不意味着从事农业生产活动的力量就强。因此，劳动力数量变量的影响方向难以确定，尚需实证检验。

②收入水平。考虑到低碳农业生产在当前仍属新兴事物，选择该类生产方式需承担一定的风险，即可能面临农业产出与农民收入双减的问题。一方面，家庭人均收入水平越高，农户抗风险能力越强，其可能更愿意尝

试具有一定风险性的新鲜事物（丰军辉等，2014），比如农业低碳生产行为；另一方面，如果家庭收入主要源自务工或其他兼业活动，农户对农业生产的关注程度必然不高，也就未必会选择农业低碳生产行为。因此，收入水平变量影响方向难以确定，尚需实证检验。

③机耕面积。耕地面积仅能反映各个农户拥有耕地的多寡，而机耕面积则可反映当地农业生产是否实现了机械化、农业生产方式是否先进，更能体现一个地方的农业生产水平。一般地，农业综合生产水平越高，表明当地政府对农业生产的政策支持力度越大，而这显然有助于各类先进农业生产技术的推广与普及，在此境况下农户践行农业低碳生产的可能性就越大。有鉴于此，本研究预期，机耕面积变量具有正向影响，即机耕面积越大，农户选择农业低碳生产行为的概率越大。

（3）环保态度与社会关系网络。

①环境保护意识。户主是否拥有积极的环保态度也可能会对其相应行为选择产生显著影响。通常而言，拥有环境保护意识的农户更能认识到环境污染所带来的潜在危害，一般不会选择以环境破坏为代价来换取经济产出，而更为倾向于农业低碳生产；相反，缺乏环境保护意识的农户则会以获取最高收益为第一准则，倾向于"高投入、高产出"的传统生产模式，其选用农业低碳生产行为的可能性也就相对较低。因此，本研究预期，环境保护意识变量具有正向影响，即拥有环境保护意识的农户选择农业低碳生产行为的可能性更大。

②户主政治面貌。政治面貌是指户主是否拥有党员身份，它是衡量农户是否全方位融入社会关系的重要指标。一般而言，拥有党员身份的户主通常更具有良好的人际关系、优秀的日常表现以及领导群众、勇做村民表率的能力。同时，党员相对于普通群众拥有更为有效的信息渠道，更能接受一些新思想，如当前我国政府大力倡导"绿水青山就是金山银山"，而实施农业低碳生产则是实现这一战略目标的重要途径。为了能在广大群众面前做出表率，切实贯彻绿水青山理念，拥有党员身份的户主显然更有可能选择农业低碳生产行为。为此，本研究预期，户主政治面貌变量具有正向影响，即户主拥有党员身份时，农户采用农业低碳生产行为的可能性更大。

③专业培训。农民专业培训主要包括各项农业政策的深度学习、现代

农业实用技术的大力普及、农产品市场营销策略的全面推广、农产品品质安全的广泛宣传等内容。一般地，通过相关专业培训，有助于农民形成对低碳农业理念的心理认同，并对一些农业低碳生产技术形成基本认知而后逐步应用。同时，专业化的培训还能让广大消费者更为关注食品安全问题，进而倒逼农业生产者为了减少对化肥农药等农用物资的摄入，切实践行低碳生产。因此，本研究预期，专业培训变量具有正向影响，即得到过专业培训的农户更愿意选择农业低碳生产行为。

④医疗参保。一方面，购买医疗保险的农户通常更为在意家庭成员的身体健康状况，为了确保生产出来的农产品能满足自身以及消费者健康的基本诉求，其极有可能选择农业低碳生产方式。但另一方面，不少农户选择购买医疗保险也可能是基于对自身健康不够自信的一种现实反映，自我认定的健康状况虽带有一定主观色彩，但一定程度上也真实反映了农户家庭成员的身体状况；由于总体健康状况不佳，这些农户可能出于便捷性考虑而放弃选择农业低碳生产方式。因此，医疗参保变量的方向难以确定，尚需实证检验。

6.3.3.2 模型设定

基于本书研究目的，特设定了2个模型：模型Ⅰ为农户化肥施用上的低碳生产行为模型，模型Ⅱ为农户农药使用上的低碳生产行为模型。农户在化肥施用或农药使用上是否具有低碳生产行为（y）属于一个二元分类变量，为此，本书也将运用二元 Logistic 回归模型完成相关分析。具体而言，用 p 表示农户在化肥施用或农药使用上具有低碳生产行为的概率，则：

$$p = \frac{e^{f(x)}}{1 + e^{f(x)}} \tag{6.5}$$

$$1 - p = \frac{1}{1 + e^{f(x)}} \tag{6.6}$$

由此可以得到农户具有低碳生产行为的机会比率为：

$$\frac{p}{1-p} = e^{f(x)} \tag{6.7}$$

在基础上，将式（6.7）转化为线性方程式，可得：

$$y = \ln\left(\frac{p}{1-p}\right) = \beta_0 + \beta_1 x_1 + \beta_2 x_2 + \cdots + \beta_i x_i + \mu \tag{6.8}$$

在式（6.8）中，β_0 表示回归截距，x_1，x_2，$\cdots$，x_i 代表各自变量，β_1，β_2，$\cdots$，β_i 为自变量的回归系数，μ 属于随机干扰项。

6.3.3.3 变量描述

对实地调查数据进行相关整理可得出各变量的描述性统计分析结果，如表 6-6 所示。

表 6-6　　　　　　　　变量描述性统计分析结果

	变量	含义及赋值	均值	标准差	预期影响
因变量	化肥施用上是否具有农业低碳生产行为（y_1）	高于标准施用 =0；按标准或低于标准施用 =1	0.74	0.44	
	农药使用上是否具有农业低碳生产行为（y_2）	高于标准使用 =0；按标准或低于标准使用 =1	0.70	0.46	
户主个人特征	性别（x_1）	女 =0；男 =1	0.95	0.22	正向
	年龄（x_2）	实际周岁（岁）	58.12	11.13	不确定
	受教育年限（x_3）	实际受教育年限（年）	6.72	2.96	正向
	职业（x_4）	务农 =0；非务农 =1	0.29	0.45	负向
	健康状况（x_5）	无法劳动 =0，正常劳动 =1	0.84	0.36	不确定
家庭特征	劳动力数量（x_6）	家庭劳动力人数（人）	2.6	1.64	不确定
	收入水平（x_7）	人均收入取对数	8.4	1.82	正向
	机耕面积（x_8）	实际机耕面积（亩）	1.86	13.36	正向
环保态度与社会关系网络特征	环境保护意识（x_9）	保护环境不重要 =0；保护环境重要 =1	0.74	0.44	正向
	户主政治面貌（x_{10}）	群众 =0；中共党员 =1	0.19	0.4	正向
	专业培训（x_{11}）	未参与培训 =0；有过培训 =1	0.12	0.32	正向
	医疗参保（x_{12}）	家庭人员医疗保险参与比例（%）	0.95	0.18	不确定

6.3.4 实证结果与分析

经过多重共线性检验后，利用二元 Logistic 模型检验各个变量对农户低碳生产行为的实际影响，得到结果如表 6-7 所示。从回归结果来看，户主个人特征、家庭特征以及环境态度与社会关系网络特征对农户化肥施用和农药使用上的低碳生产行为均产生了重要影响。

表6-7　　　　　农户低碳生产行为的影响因素模型估计结果

变量		化肥施用（模型Ⅰ）		农药使用（模型Ⅱ）	
		系数	标准差	系数	标准差
户主个人特征	性别	0.0196	0.573	0.0722	0.5335
	年龄	0.0014	0.0139	0.0036	0.0134
	受教育年限	0.0009	0.0465	-0.0054	0.0434
	职业	-1.1425***	0.3193	-1.1337***	0.3092
	健康状况	1.2396***	0.3294	1.0445***	0.3249
家庭特征	劳动力数量	0.1227	0.0872	0.0768	0.083
	收入水平	0.1017	0.0739	0.2074***	0.0796
	机耕面积	0.3976***	0.1385	-0.0058	0.0078
环保态度与社会关系网络特征	环境保护意识	0.5567**	0.2781	0.9951***	0.2649
	户主政治面貌	-0.5692*	0.3459	-0.773**	0.3307
	专业培训	0.9629**	0.4842	0.9093**	0.4476
	医疗参保	0.2484	0.7121	0.6731	0.7458
常数项		-1.1899	1.2907	-3.1064**	1.456
-2倍对数似然值		65.48***		63.86***	

注：*、**和***分别表示变量在10%、5%和1%的统计水平上显著。

（1）户主个人特征的影响。回归结果显示，职业变量对农户在化肥施用和农药使用上的低碳生产行为均表现出显著的负向影响。具体而言，当户主从事其他非农工作时，其选择农业低碳生产行为的可能性较小。可能的原因是，纯正的务农家庭拥有更为丰富的实践经验，同时为了确保耕地质量不会受到过量施肥以及过量用药的影响，以及物质投入成本降低的需要，他们更为愿意选择农业低碳生产行为。健康状况变量对农户在化肥施用和农药利用上的低碳生产行为均呈现出了显著的正向影响，即当户主拥有相对健康的体魄时，其选择农业低碳生产行为的概率越大。可能的解释是，当户主身体状况良好时，充沛的精力能保证其不断了解并接受诸如低碳农业、绿色生产等一些新概念，并逐步认识到"三低"（低能耗、低污染、低排放）模式是今后农业发展的必然选择；同时，身体状况良好的户主一般从事农业生产的时间也越长，对于化肥、农药过量使用的危害也更为了解。

（2）家庭特征的影响。收入水平变量对农户在农药使用层面的低碳生产行为具有显著的正向影响，即家庭收入水平越高，农户选择减量化施用农药的可能性越大。究其原因可能取决于两点：一方面，收入水平高通常意味着农户农业生产方式更为先进，生产技巧与实践经验相对充足，其从事农业低碳生产的可能性也就越大；另一方面，收入较高一般意味着家庭的抗风险能力更强，使其敢于尝试运用农药减量型施用技术。机耕面积变量对农户在化肥施用层面的低碳生产行为具有显著的正向影响，即机器耕作的面积越大，农户越倾向于化肥的标准化或减量化施用。可能的原因是，一般只有种植面积较大的农户采用机器耕作，而这以种粮大户、专业合作社、家庭农场以及农业企业经营为主，这些现代化的农业生产主体肩负着"有机农业"的生产使命，同时规模化的生产范式也有效保证了化肥减量型施用技术的全面普及。

（3）环境态度与社会关系网络特征的影响。环境保护意识变量对农户在化肥施用和农药使用上的低碳生产行为均具有显著的正向影响，即拥有环保意识的农户更愿意选择农业低碳生产方式。可能的原因是，选择农业低碳生产行为是实现环境保护的重要途径，具体付诸实践则实现了意识的行动化。户主政治面貌变量对农户在化肥施用和农药使用上的低碳生产行为均具有显著的负向影响，即当户主拥有党员身份时，其选择农业低碳生产行为的可能性则越小。究其原因，可能与农村党员的构成特点紧密相关：村干部党员由于行政事务繁忙而对农业生产活动关注较少，由此客观降低了其实践农业低碳生产的可能性。其中，年老党员农业生产多依赖于自身经验，对各类农业低碳生产技术普遍缺乏认同感，而年轻党员由于注重实际效益在实际中可能更为偏向于高碳生产方式。专业培训变量对农户在化肥施用和农药使用上的低碳生产行为均表现出显著的正向影响，即拥有专业培训经历的农户家庭更愿意选择农业低碳生产行为。可能的解释是，专业技能培训能极大增强农户环保意识，并有效提升其综合运用各类农业低碳生产技术的实际能力。

6.4　本章小结

　　基于武汉市与蕲春县的实地调查数据，本章运用二元 Logistic 模型一方面剖析了认知程度与未来预期两类变量对农户农业低碳生产意愿的影响；另一方面则以化肥、农药的实际使用情况为例，探究了影响农户农业低碳生产行为的关键性因素。最终，得出了以下两点主要研究结论：

　　（1）认知程度和未来预期均对农户农业低碳生产意愿产生了重要影响。其中，信息接收程度、低碳农业了解程度、低碳农业培训参与情况3 个变量均正向影响了农户农业低碳生产意愿，即农户用于信息获取的时间越长、对低碳农业理念的了解越深、有过相关培训经历，其参与农业低碳生产的可能性就越大。品质预期、价格预期、声誉预期以及政府支持预期 4 个变量均与农户农业低碳生产意愿呈现显著正相关；而成本预期则表现出显著的负向影响，即农户对低碳生产农产品的品质预期越好、价格预期越高、声誉预期越好、政府支持力度预期越大、成本预期越低，其参与农业低碳生产的意愿则更为强烈。控制变量中，户主性别、劳动力数量对农户农业低碳生产意愿均表现出显著的正效应，即户主性别为男性、劳动力数量多的农户参与农业低碳生产的可能性更大；而务农年限与农业收入占比对农户农业低碳生产意愿则呈现出显著的负向影响，即户主务农年限越长、农业收入占比越高的农户农业低碳生产意愿越低。

　　（2）农户在化肥施用和农药使用上的低碳生产行为表现存在一定差异：在化肥施用上，分别有 26.60% 和 47.78% 的农户选择低于和按照标准施用；而在农药使用上，这两个比例分别为 22.91% 和 47.05%。影响农户在化肥施用和农药使用上是否具有低碳生产行为的因素同中有异：从共同因素来看，户主职业与政治面貌变量均表现出负向影响，即户主从事非农职业或者拥有党员身份，其选择农业低碳生产行为的可能性越小；健康状况和专业培训变量均呈现出显著的正向影响，即户主健康状况越好或者有过相关的专业培训，其参与农业低碳生产的可能性就越大。至于差异性因素，收入水平变量对农药使用层面的低碳生产行为具有显著的正向影响，即户主家庭收入水平越高，其更倾向于选择减量化使用农药；机耕面积变量则对化肥施用层面的低碳生产行为具有显著的正向影响，即家庭机器耕作面积越大，该农户越偏向于选择低于标准或按标准施用化肥。

第 **7** 章
国外农业碳减排的典型经验与启示

前述章节主要围绕我国农业碳排放/碳汇现状及特征、农业碳排放权省域分配及空间余额测度、补贴与奖惩结合下的农业碳减排补偿机制构建以及低碳视域下的农户节能减排意愿及行为等问题展开探讨，相关结论的获取使得我们对中国农业碳排放及碳减排现状形成了一个基本认知，并明确了其所面临的主要挑战。而为了确保后续农业碳减排支持政策的设计极具可行性与可操作性，本章将以主要发达国家和地区作为研究对象，探讨各自在农业碳减排进程中的一些值得我们学习的经验与做法；而后则重点阐述国外先进经验所能给予我国农业碳减排工作的一些启示。具体而言，本章内容由 3 节构成：第一节为国外农业碳减排的典型经验介绍，将基于政策制度保障、工程技术措施两个不同维度对相关经验展开系统阐述；第二节为国外农业碳减排成效对中国的启示，具体涉及政策设计与制度建设、提升财税支持力度、强化农业低碳生产技术的研发与推广三个方面；第三节则是对本章内容进行总结。

7.1 国外农业碳减排的典型经验介绍

为了更好地应对全球气候变暖问题，世界各国除了重视工业与服务部门的碳减排之外，近年来也开始着力推进农业生产领域的节能减排工作。相比我国，美国、欧洲、日本等国家和地区由于较早步入发达国家行列，国民的文化知识储备、整体认知水平以及环保意识要处于相对优势地位，由此更容易接受一些新生事物。得益于长期以来的有效宣传，农业低碳生产在这些国家和地区早已深入人心，其政府与农业生产者更是通过实际行动积极履行农业碳减排责任，由此也积累了一定的经验，而这显然能对我国农业碳减排支持政策体系的构建提供必要借鉴。有鉴于此，接下来本书将从政策制度保障与工程技术措施两个不同维度对国外农业碳减排经验进行必要介绍并凝练启示，以期为我国农业碳减排支持政策体系的构建与完成提供重要支撑。

7.1.1 政策制度保障层面

（1）农业保护性耕作促进政策。所谓保护性耕作，是指通过少耕、免耕、微地形改造以及地表覆盖、合理种植等综合配套措施，达到减少农田土壤侵蚀、保护农田生态环境目的，并实现经济效益、社会效益与生态效益全面提升的一类可持续农业生产技术。它是继刀耕火种、传统人/畜力以及农业机械化后农田耕作史上的又一伟大创新，同时也是农业碳减排的重要实现路径。关于农业耕作保护，美国早在 20 世纪 30 年代所颁布的《农业调整法》中就曾提及迄今为止已累计出台了 20 多部农场法案，其中又以 1996 年的农场法案影响最为深远（贺大州，2015），它所提出的"保护安全计划"（该计划于 2008 年更名为"保护管理计划"）从政策层面明晰了针对农民亲环境生产和资源保护行为的一些激励机制，具体措施主要包含成本分摊和现金奖励，涉及对象涵盖农地资源保护、农业基础设施完善、天然防护林工程建设以及农地保护性生产、耕作技术的创新、示范推广与后期管理。得益于保护性耕作促进政策的正面引导，具备较高文化素质的农民会定期对土壤进行肥力测度、及时查看病虫害，并大量种植抗虫性强、能适应各类除草剂的作物品种，以为农地的免耕或者少耕提供便利性条件。与此同时，为了确保该项政策的有力推进，美国政府部门也在多个方面采取积极措施：一是建立健全农业生产动态数据库，在此详细记录差异化耕作方式所需原始成本，以为后期确定补贴金额并落实配套奖励政策提供必要依据。二是重视宣传与教育，一方面以专业技能培训作为手段切实引导广大农民践行保护性耕作方式；另一方面则适时组织涉农高校、科研院所与相关信息咨询公司、农用物资及农机具生产企业等开展协同合作，共同致力于保护性耕作技术的试验、示范以及后续的咨询服务等一系列实际工作的顺利推进。三是成立由志愿者组成的农业专家顾问团，帮助农民确定与当地土壤、地形以及水热条件高度契合的保护性耕作方案，并为其选择相匹配的农机具。得益于政策的有效推动，近年来美国实施保护性耕作的农地面积不断攀升，保护性耕作已成为最为主要的耕作制度。有统计数据表明，至 2009 年，保护耕作所占耕地比重已超过 2/3，达到了68.3%，涉及以玉米、小麦等为代表的主要粮食作物和以棉花、马铃薯等为代表的典型经济作物，具体实践中以少耕、免耕两种模式为主，分别占到了耕地总面积的 38% 和 22%（金攀，2010）。

（2）农用物资减量化投入政策。化肥、农药、农膜以及农用机械构成了农业生产最为主要的物资投入部分，它们是导致农业碳排放产生的重要源头。因此，推进农用物资减量化投入逐步得到了一些国家的关注，并以此为切入点完成了相关政策的约束。其中，农药使用方面，美国早在 20 世纪 50 年代之前就先后颁布实施了《联邦食品、药品和化妆品法》《联邦杀虫剂、杀菌剂和杀鼠剂法》等法律法规，内容明确涉及农药的合理使用与优化管理；而到了 70 年代，联邦政府正式出台《农药法》，并授权美国环境保护署实施该法，以加强对农药使用的监督与管理。与此同时，环保署也配合颁布了《农药登记标准》《农药和农药器具标志条例》等法律法规（贺大州，2015），以为保障农药规范使用、推进农业碳减排工作提供必要的法律基础。为了更好地吸引农村居民运用新能源，美国政府颁布了诸如《2005 年能源政策法案》《2007 年能源独立与安全方案》等一系列能源政策法规，从中不难窥见美国对能源战略的重视程度。具体实践中，税收抵扣、税收减免、特定方式融资等是其广泛采用的激励模式。比如，为了促使农民减少对能源的实际利用，美国农业部门每年都给予大量的财政补贴，用于扶持以风动机、化粪池、太阳能热水系统等为代表的一些清洁能源项目。至于补贴标准，相关部门也有明确规定，要求补贴金额介于 0.15万~25 万美元之间，且不能超过项目总成本的 25%；倘若自筹资金不够，政府还可提供一笔额度不超过 1000 万美元的贷款予以支持（郭鸿鹏等，2011）。这些政策的贯彻与实施有效推进了美国农村新能源的开发与利用，如该国当前绝大多数的生物质能源加工厂都位于农村地区且经营权属于农民自身。除此之外，这些政策的实施还有效促进了美国新能源立法建设与未来目标设定，如在《能源自主与安全法案》（2007 年）中，美国政府对自身未来的能源利用情况做出了明确规划，可概括为"两步走"战略：第一步即确保到 2022 年该国生物乙醇与生物柴油的总产量能达到 1.08 亿吨；第二步则要求至 2030 年清洁能源利用需实现对该国 30% 以上化石燃料使用量的完全替代。

（3）农业碳交易政策。农作物在其发育过程中会大量吸收空气中的二氧化碳，并利用光合作用将其贮存至作物秸秆或者根部细胞中（郭鸿鹏等，2011）。由此不难窥见，当前的一些农业种植活动客观上极为有效地扮演了温室气体减排角色。这也得到了科学研究的证实，例如 1 英亩玉米在其整个生长过程中可贮存 0.5 吨二氧化碳（郭鸿鹏等，2011）。考虑到农业（主要指种植业和林业）生产自身所拥有的强大碳汇功能，美国政府自 21 世纪之初就允许并鼓励农户将自身所拥有的碳贮存指标供给给芝加哥气候交易所（CCX）予以拍卖，以此获取经济收益。初期，碳指标的出售价格相对较低，仅为 1~2 美元/吨，但在后期其价格不断攀升，并于 2014 年达到 15.31 美元/吨，整体收益已非常可观。CCX 作为一个不受政府部门约束，且为全球最早以温室气体减排为目标而从事碳排放权贸易的纯民间市场交易平台，拥有较强法律约束力，为推进全球碳减排与生态环境保护做出了重要贡献。在具体实践中，首先是由交易所进行企业资格认定，以确定能参与碳交易的企业名单。现实中，并非所有企业都拥有购买碳排放权的权利，一般只有减排额度达到其碳排放量 10% 的大企业方有资格参与登记。然后是农民碳贮存指标的评估与数据汇总。由于 CXX 属于非政府资助的私营实体机构，导致农民在出售其碳贮存指标时离不开农场局、农业协会等政府部门抑或相关农业合作组织的协助。具体流程分为三步：首先，拥有交易意愿的农民到农场局或者农业协会进行登记。其次，由农场局或者农业协会指定专人对农户的土地利用现状、农作物品种选择与种植特点、农地耕作方式与农具选用情况进行审查，而后以此为依据评估单位面积的碳贮存量，而后进行数据汇总并形成数据库。最后才是农业碳贮存指标的实际交易，具体由农场局抑或农业协会同 CXX 进行业务接洽，并根据适时价格完成碳排放权的交易，所获收益则基于各自出售数量分配给农民。

（4）农业低碳生产引导型财税扶持政策。加大对低碳生产技术的利用力度是确保农业碳减排工作顺利推进的命脉所在（郑远红，2014），但不同于传统农业生产技术，农业低碳生产技术普遍具有研发周期长、投资回报率偏低、推广示范难度大、社会资本参与度不够等特征。为此，以美国、欧盟、日本等为代表的发达国家和地区一般通过财税支持政策的不断完善来确保其农业低碳生产技术的研发与推广。具体政策主要体现在以下几个方面：一是农业补贴。关于农业补贴的实施方式，各国做法并不完全一致，其中美国实施补贴的对象仅为环境友好型农业生产方式，而且会定期组织相关专家对农场内的资源环境状况进行检测，以评估其是否拥有继续享有补贴的资格，同时核定补贴标准。欧盟则于 2008 年对原有农业补贴制度进行了革新，其最为明显的变化是补贴金额不再由农业产量决定，而主要取决于农业生态环境保护和动物福利实行情况，如英国会对农民自觉的地表径流以及森林保护行为提供一定补贴，而德国则会给予农业低碳生产技术研发与推广者数量较大的资金扶持。日本在其出台的《土壤保护补贴政策》（2009 年）和《低碳型创造就业产业补助金政策》（2010 年）中，对土壤改良、清洁种植以及农业低碳生产模式的补贴标准分别予以了详细说明。二是农业发展的直接支付。欧盟在其共同农业政策的改革中，就曾明确要求各成员国将不低于 30% 的直接支付资金反哺给农业生产者，让他们用于农作物多样化种植、耕地"生态重点区"与自然景观建设等一系列有助于应对全球气候变化的生产实践活动。而为了兼顾效率与公平，还限定了最高直接支付标准，即不能超过 30 万欧元；规避了条件不符的申请者，即必须从事农业生产；扩展了支付对象，开始涉及小农户与年轻农民。三是农业贷款与税收优惠。进入 20 世纪之后，日本多次出台贷款、税收优惠政策鼓励农民向农业低碳生产领域进行投资。其中，在其颁布的《农业环境规范》中就曾明确指出，对于积极参与环境保护与低碳生产的农户，拥有享受贷款优惠与政府财政补贴的优先权利；而在 2007 年出台的《促进有机农业发展基本方针》中，则进一步明晰了有机农业生产技术研发、应用与推广等各个环节政府所能给予的最大财政资金支持与税收优惠力度。

7.1.2 工程技术措施层面

（1）农业固碳技术。农业固碳技术又被称作农业碳封存技术，是指将大气中的二氧化碳转换为固态，直至农作物吸收或土壤储存，这是当前最为前沿且有效的农业碳减排发展方向。但是，关于该类技术的实际应用仍相对较少，目前还主要停留在试验层面，以一些学者的探索性研究为主。其中，贝克等（Baker et al.，2005）研发出了一种区别于免耕或者条形耕作法的农业碳固存方法，做法是进行作物覆盖或者继续种植同类作物，其优点是不仅可以封存数量更多的气态碳，还避免了微生物在秋耕和冬季来临之前所易出现的呼吸不足现象。霍拉姆德尔等（Khorramdel et al.，2013）通过田间对比试验发现，相比使用化肥和农药，将奶牛粪便或生物质垃圾堆肥用于玉米地，因其养分释放缓慢，且作物生长周期较长，能显著提升土壤固碳能力，进而有效减少农业温室气体排放数量。辛格等（Singh et al.，2016）通过对印度西北部水稻—玉米农业系统连续 5 年的实地研究发现，相比于传统的密集耕作，降低耕作强度和保留农作物残茬的做法可使土壤有机碳含量增加 $2.86Mg/ha$。

为了更好地推广农业固碳技术，有学者围绕其正常手段进行探究，并由此总结了 7 种不同政策工具。一是合同补贴型，政府部门鼓励广大农户积极参与各类碳汇项目，碳汇补贴价格可由政府按照合同约定补偿给农民，也可基于所设定的碳固存目标与农民通过谈判确定；二是政府生产型，即政府选择自身从事碳汇生产，其所需土地或自身拥有，或由外租赁，或通过购买，而为了保障碳汇项目的顺利推进，农业部门需给予一定协助，主要负责农/林生产技术的供给以及有经验的劳动力提供与监督管理；三是市场补贴与征税型，政府通过税费调节手段向各行为主体施压，强制其参与合作，如在一些特定地区，联邦政府利用贸易补贴措施抑制二氧化硫排放，州政府通过额外费用的征收确保有害气体排放量的减少；四是命令强制与监督型，政府规定了土地所有者所应达到的碳汇量，并适时监督，如低于规定值则施以一定行政处罚；五是契约型，政府通过委托研发生成信息定制合同，各方严格按照合同规定履行相关职责；六是政府主导型，即政府借助自身组织机构向土地所有者直接提供诸如农技推广服务、农业科技研发等一些必要支持；七是政府管理型，作为管理方，政府部门尽可能多地召集所辖州、县深度参与到森林采伐与补植项目中去，以确保森林碳汇资源的可持续性。

（2）农作物秸秆资源化利用技术。作为重要的碳固存载体，农作物秸秆的非合理处置（如焚烧）不仅会导致碳汇逆转为碳排，而且还会造成现有资源的极大浪费。现实中，为了更为有效地推进低碳农业发展，我们亟须引导和强化秸秆的资源化利用。有鉴于此，越来越多的国家开始着眼于秸秆资源化利用技术的研发与应用，其中又以发达国家和地区表现得尤为突出，常用的技术主要有以下三类：

一是秸秆发电技术。有试验表明，秸秆的热值效应相当于单位标准煤的50%，同时在燃烧时所产生 CO_2 与 SO_2 的数量较少，在一定程度上实现了能源效益与环境效益的双赢（将冬梅，2008）。正是基于上述优势，秸秆发电相关技术的研发与利用得到了世界各国的广泛关注，一些发达国家为此制定了专项支持计划，并将其作为21世纪推进可再生能源发展的一项重大工程。其中，就实际秸秆发电开展情况而言，全球以丹麦最负盛名。丹麦是世界上第一个使用秸秆发电的国家，其早在1988年就建成了全球首座秸秆生物燃烧发电厂，而随后于该国首都哥本哈根以南建成的阿维多发电厂被誉为全球效率最高、环保性最强的热电联供电厂之一。截至目前，丹麦已建成秸秆发电厂100多家，全国超过10%的电力来自秸秆发电。相比煤、石油、天然气等传统能源，作物秸秆具有成本低、污染少的优势，由此成为电厂认为最划算的燃料。与此同时，秸秆燃烧过程中所产生的草木灰还将无偿返还给农民，作为肥料使用。综合来看，通过秸秆发电实现了多方共赢，电厂降低了原料成本，民众享受了便宜电价，生态环境受到了有效保护，新能源得到了充分开发，农民增加了收入。

二是秸秆还田技术。秸秆还田是国外较为常见的农业废弃物循环利用方式，其中一种做法是将收割后的秸秆打碎、深埋进土壤里，待其腐解之后则会演变为有机质和速效养分，从而使土壤肥力得到有效提高。合理的秸秆还田措施不仅能增加土壤养分含量，改善其物理性状，还能使农作物产量提高5%～10%。而另一种做法是将收割后的作物秸秆均匀平铺在田面上，给予足够的时间让其充分腐朽，进而形成营养物质。就两类做法而言，前者见效更快、经济效益相对突出，但后者通常与农地免耕、休耕有机结合，生态效益更为突出。从历史追溯来看，早在 20 世纪 30 年代，美国就曾运用秸秆覆盖法有效控制了西部大草原地区的风蚀现象，进而克服了困扰已久的"黑色风暴"问题。考虑到自身独特的农地资源构成特点（即耕地多位于草原地区），为了能降低风蚀、水蚀的不利影响，加拿大也较为推崇少耕、免耕模式下的秸秆还田路径，截至目前已有近 20% 的耕地实现了免耕与秸秆覆盖的相互融合。除此之外，澳大利亚在其农业生产活动中也热衷于选择秸秆覆盖保护性耕作技术，这样做不仅有助于新茬作物的生长发育，还促使了农业生产成本的减少。而为了更好地推进秸秆还田技术应用，美国、加拿大、巴西、墨西哥以及欧盟各国先后出台了诸如项目支持、财政补贴以及税收优惠等一系列有力政策与保障措施。

三是秸秆饲料化技术。农作物秸秆一直都是食草牲畜的重要粗饲料来源，通常情况下 1 吨普通秸秆的营养价值与 0.25 吨粮食基本相当（朱立志，2017）。但是，未经加工的秸秆一般所含粗蛋白质较少、不利于消化且口感较差，直接投喂牲畜其效果并不明显。而借助青贮、氨化等手段将秸秆饲料化却能使其营养价值得到显著提升。有统计表明，氨化秸秆饲料所含蛋白质相比普通秸秆可以提高 30%，其可消化物甚至能达到 50%（朱立志，2017）。从生产实践来看，早在 20 世纪 80 年代，不少居住在美国西部草原地区的牧民就开始有意识地氨化处理稻草、麦秸等农作物秸秆，使其转化为营养价值充裕的秸秆饲料。而在澳大利亚，秸秆一般会作为奶牛的主要食物，当地农民认为，该国所产的麦秸秆蛋白质含量丰富、纤维素含量较高，作为饲料有助于奶牛成长与奶产量的提升。在春天或者初秋，农民会抽时间将农田里的秸秆切割下来，待其完全风干之后则利用卷草机将其成卷包装并整齐地摆放在田头，土黄色的秸秆除了能满足奶牛饲用所需外，还与大地、绿草、蓝天融为一体，独特的风景甚至能吸引世界各地游客特意赶来并驻足观看。

（3）节能减排机械化技术。早在 20 世纪 40 年代，美国农业就已实现了机械化，"二战"后则朝着现代化、专业化和高科技化方向发展。高度发达且领先于世界各国的农业机械装备体系是美国农业引以为荣的标签，但在推进其农业快速发展的同时也诱发了农用燃油消耗量的不断攀升，客观上加剧了农业碳排放。为了更好地推进农业生产节能减排，进而实现持续健康发展，美国政府一直致力于农业机械企业、科研机构与相关协会组织等形成有机衔接并展开深度合作，取得了良好效果。而在农业节能减排技术的实际研发与应用方面，农机具生产企业较为关注燃油的经济回报率与机械使用效率的提升，为此主要着眼于发动机的内在革新与相关配套技术的组合运用。

其中，在发动机创新领域主要取得了如下进展：一是研发出了以生物燃油作为主要燃料的新一代发动机，并已将其应用到了生产实践中，客观上形成了对化石燃油的替代，为后续农业碳减排工作的顺利开展奠定了一定基础。但是，就目前来看，仍以混合发动机为主，即生物柴油与化石燃油混合使用，如作为世界知名的农业机械制造商，美国约翰迪尔公司所生产的发动机就已实现了两者的混合使用，但稍显不足的是，其生物柴油占有的比重仅为5%，在未来仍旧具有较大改进空间。二是通过各类新技术的组合运用实现燃油使用效率的全面提升。农业生产活动中，若在强化风扇驱动的同时配备相契合的冷却系统，就能实现燃油利用效率提升与动力消耗降低的双赢。同样是约翰迪尔公司，它所研发生产的新一代动力技术升级版发动机（power tech plus）相比传统发动机，在节能增效和动力性能改善方面具有明显优势。

而在新技术应用层面主要涉及以下具体措施：一是复式作业模式得到了大范围推广。复式作业通常是指农业机械在一个时段同时完成多项作业任务，以此减少辅助作业时间，进而实现农业机械使用效率的显著提升。比如，我们所熟知的7760型自走式摘棉机实现了棉花采摘与机载打包的同步；4930型喷药机通过创新改造加注装置，使药液装载速度得到了显著提升，由此不仅减少了药液使用量与燃油消耗量，同时还极大提高了农药喷洒的作业效率。二是全球定位系统（GPS）得到了广泛运用。GPS主要用于各种涉农基础数据的有效采集以及田间各项具体农业生产活动的精准定位；在此基础上，通过对农用机械运动轨迹与作业参数的有效控制减少农业生产环节中一些不必要的重复性劳动，由此达到提升农业生产效率并减少涉农燃油消耗的最终目的。如约翰迪尔公司所生产的拖拉机、联合收割机等一些大功率农业机械均安装了 GPS 智能操作系统，农民从中可以免费获取各类有用的农业生产服务信息。有数据表明，利用 GPS 辅助农业生产的农场在美国已超过半数（刘恒新等，2012）。

7.2　国外农业碳减排成效对中国的启示

作为享誉全球的传统农业生产大国，中国每年的农业温室气体排放量也不容小视，而且其排放强度更是高于第二、第三产业。在此境况下，加快推进农业碳减排步伐已刻不容缓。在这一过程中，除了自身探索与模式总结之外，还应秉承"他山之石可以攻玉"的思想，不失时机地吸纳国外先进经验与做法，以少走弯路。基于前文分析，我们可以得到如下一些启示：

第一，注重农业碳减排的政策支持与制度保障。为了更好地推进农业碳减排工作，国外出台了诸如农业保护性耕作促进、农用物资减量化投入、农业低碳生产引导型财税扶持等一系列支持政策。而反观我国，近年来虽然农业碳减排思想已逐步被广大农业生产者所接受，但其实践步伐仍较为缓慢，农业高碳生产在当前仍为主流生产模式，这显然不利于农业碳减排工作的顺利推进与整个产业的健康可持续发展。此类情形之所以出现，可能源于两个方面：一是农业低碳生产的政策支持与制度保障稍显不足。例如，缺乏对农业节能减排技术的宣传与推广、缺少对农业生产者的相关技能培训与必要物质激励。事实上，低碳生产技术是推进农业碳减排工作的基础，高素质的农业生产者是保障，合理有效的激励机制则是催化剂，三者相互促进，均不可或缺。二是对于那些农业高碳生产行为缺乏行之有效的约束机制。比如，对于化肥、农药等基础农业生产资料广泛存在的超量使用行为，并无相关法律法规进行约束；又如，对农作物秸秆资源的非合理处置方式（随意丢弃甚至直接焚烧）缺少有效的监督与管理，导致此类行为屡禁不止。针对上述问题，我们可以尝试进行一些改进：一是多颁布一些可促使农业碳减排工作顺利实施的支持政策，具体涵盖农业低碳生产技术的研发与推广应用、农业生产者科学素养的培育与提升、农业碳减排奖惩机制的构建与贯彻落实等。二是完善农业节能减排的立法与制度建设，对于那些严重危害生态环境并导致温室气体排放量增加的农业生产行为（如焚烧秸秆），应从法律和制度上予以规避，具体而言，制度设计要力求细致与科学，执行则需保证公正与权威，以确保凡事有法可依、执法必严。

第二，加大对农业碳减排工作的财税扶持力度。由于农业碳减排工作的推进具有投资大、见效慢的特性，单靠农业生产者自身实力其效果一般不甚明显，为此美国、欧盟、日本通常会对那些认真践行农业碳减排生产的相关行为主体给予一定财税扶持，虽然各国所采用的具体措施不尽相同，但所追求的目标基本一致。而具体到我国，由于专项财政资金扶持的不足以及相关税收减免政策的相对缺乏，客观使得整个农业碳减排工作略显动力不足。有鉴于此，我国政府应充分吸收国外先进经验，用好财政直接拨款、转移支付、低（无）息贷款、税费减免等各类政策工具，切实加快推进农业碳减排步伐。至于具体实践路径，可考虑从以下几方面着手：第一，加大对农业碳减排宣传与教育工作的投入。让广大农业生产者树立低碳生产理念是实现农业碳减排工作的基本前提，而结合我国农业生产者文化程度普遍偏低、对各类新生事物缺乏了解且接受能力较为一般的现实境况，政府有义务发挥其宣传堡垒作用，并通过专项财政资金的划拨，充分利用有线电视、互联网、微信等现代传播媒介，强化对农业碳减排相关知识的宣传与普及。第二，加大对农业低碳生产行为的补贴力度。当前，各类农业补贴政策在我国虽已广泛实施，但多偏向于粮食生产、农机购置、良种选择等，而缺乏对农业生产环境的关注。事实上，为了深入贯彻绿色发展战略，切实强化农业碳减排路径，在今后的农业补贴政策制定上也应兼顾生态环境保护，一是对提供减排型农业生产资料的相关企业给予一定额度的补贴，如亏损补贴、财政贴息贷款等，以此提升它们的生产积极性；二是对使用减排型生产资料的农业生产者予以一定补贴，实践中可采用价格补偿的方式；三是提高退耕还林还草的补贴标准，以确保林业碳汇功能得到进一步保障。第三，充分发挥税收政策在资源配置与调节方面的重要作用。具体而言，一方面可对现行税收政策进行适当调整，尤其需强化在生态修复与环境保护方面的相关职能；另一方面，针对大量高排放小微型企业（如水泥厂、造纸厂等）存在于农村周边的不利境况，可运用税收工具进行调节，如对高碳生产企业实施税收优惠以促进其产业升级，或开征碳税抑制它们进一步发展壮大。

第三，强化农业低碳生产技术的研发与推广。农业发达国家一向注重对农业低碳生产技术的研发与运用，其中不少做法值得我们学习与借鉴。而反观我国，却存在低碳生产技术研发深度不够、推广效果不甚明显的问题。有鉴于此，今后应强化这些方面的努力，具体可从以下几方面着手：第一，重视对农业固碳技术的研发与应用。得益于近些年来的政策支持与财政投入，我国的基础科学研究得到了长足进步，关于农业生态固碳技术的研发也不例外，取得了一系列标志性成就；但稍显不足的是，相关研究成果多处于科学试验抑或专利保有阶段，离实际应用仍存在较大距离。为此，我们应立足已有研究基础，积极响应国家绿色发展战略号召，切实加快农业固碳技术的深度研发与实地推广步伐，实践中重点聚焦于农作物碳吸收与土壤碳贮存领域，以此降低农业生产区域大气中的二氧化碳浓度。第二，全面推进农业废弃物的资源化利用。农业废弃物又称农业垃圾，按其成分不同可划分为植物纤维性废弃物（即农作物秸秆）和畜禽粪便两大类。其中，我国每年所产生的将近 8 亿吨农作物秸秆除极少部分用于还田、基质化、能源化以及饲料化利用外（任继勤，2018），绝大多数都被随意丢弃甚至直接焚烧，由此对大气带来了极大污染，如近些年我国多地都曾出现持续性雾霾天气，其主要成因就是周边农民大范围实施秸秆焚烧。为了根治这一危害环境的行为，我们应强化农作物秸秆的资源化利用，研发出更为便捷、有效的秸秆利用技术，变废为宝，通过利益驱动促使农民摒弃秸秆焚烧处理模式。与此同时，由于我国畜禽养殖规模居于世界前列，其每年产生的屎尿排泄物数量惊人，随意处置会对农业生态环境以及大气质量产生极大影响，因此也需加强对其的资源化利用，实践中可考虑将它们转变为清洁能源（如沼气）和农用有机肥。第三，加大对节能减排农机具的研发力度。当前，在我国绝大多数平原地区特别是粮食主产区，大部分农业生产活动都已实现了机械化，这在促使生产效率提升的同时也加剧了对农业能源的需求，由此引发了大量的二氧化碳排放。有鉴于此，我们应学习美国的先进做法，积极研发节能减排农机具，并优化工艺水平，以确保农业生产能耗水平得到降低。

7.3 本章小结

　　本章重点探讨了一些发达国家和地区在农业碳减排进程中值得我们学习的经验与做法；在此基础上，阐述了国外先进经验所能给予我国农业碳减排工作的一些启示。通过系统研究，主要得出以下研究结论：

　　（1）相比我国，以美国、欧盟、日本等为代表的发达国家和地区农业碳减排工作无论是在政策制度保障层面还是在工程技术措施层面，均表现出了一定的高明之处。其中，政策制度保障层面，先后出台了大量利于农业碳减排工作扎实推进的政策性文件或制度规范，具体涵盖农业保护性耕作、农用物资减量化投入、农业碳交易以及农业低碳引导型财税扶持等多个领域。工程技术措施层面，一是注重农业固碳技术的研发与利用，主要涉及农作物固碳技术与土壤固碳技术两类；二是强化农作物秸秆资源化利用技术的研发与推广，包含秸秆发电技术、秸秆还田技术与秸秆饲料化技术；三是推进节能减排机械化技术的研发与利用，主要是对农机具发动机进行创新，并广泛运用各类新技术。

　　（2）国外的这些典型经验与做法对于我国积极践行绿色发展战略、全面推进农业碳减排工作具有重要的现实指导意义。从中我们可以得到如下启示：一是注重农业碳减排的政策支持与制度保障，主要涉及农业低碳生产技术的研发与推广应用、农业生产者基本科学素养的培育与提升、农业碳减排激励机制的构建与施行、农业节能减排的立法与制度建设等多个方面。二是加大对农业碳减排工作的财税支持力度，包含农业碳减排工作相关宣传与教育投入的增加、农业低碳生产行为补贴力度的加大以及税收政策在资源配置与调节方面的综合运用等。三是强化农业低碳生产技术的研发与推广，具体涵盖农业固碳、农业废弃物资源化利用以及农机具节能减排等技术。

第 8 章
促进农业碳减排的支持政策分析

由前些章节分析可知，近年来我国农业碳减排工作虽取得了一定成效，但仍存在着建设目标不明确、区域发展不均衡、财政支持力度不够、农业低碳生产技术推广面临挑战等一系列问题。为此，本章将立足于前文分析结论，同时结合国外的先进经验与启示，从宏观、中观和微观三个不同维度提出推进我国农业碳减排的对策建议。在具体内容设置上，本章也由 4 节内容构成：第一节为宏观层面的政策引领，主要着力于顶层设计，以为未来我国农业碳减排工作的顺利推进指明方向；第二节为中观层面的政策协同，寄希望通过合作共赢的方式实现农业碳减排进度的区域平衡；第三节是微观层面的制度保障，积极引导农业生产者广泛采用低碳生产技术并最终实现农业生产过程的全面低碳化；第四节为本章小结。

8.1　制定农业碳减排规划，完善各项政策保障措施

近年来，随着世界各国对温室气体减排工作关注度的不断提升，农业碳排放问题也激发了不少学者的研究兴趣，一些研究观点也逐步被学界、政界所认可。但是，关于其减排工作的推进，由于缺少全面有效的政策支持与制度保障，导致目前进展较为缓慢，所取得的成绩未能达到各方预期。有鉴于此，政府部门应强化对农业碳减排工作的政策支持与制度保障，通过顶层设计让各个地区以及相关实践者能有规可循。具体可从以下 3 方面着手：

第一，制定农业碳减排规划，目标清晰且履行问责制。我国农业碳减

排目标在短期内实现绝非易事，因此在实施过程中要做好打持久战、攻坚战的准备。为了加快减排进程、提升工作效率，有必要制定农业碳减排战略规划，将各个阶段尤其是中长期的减排任务通过官方层面予以确定，以此完成整个减排工作的战略部署。而在具体任务设定过程中，我们需强化三大原则：一是任务安排必须具备可操作性，切忌超出各方能力范畴。比如每一个阶段的具体任务是什么、遭遇特殊困难该怎样应对、如何对阶段性目标完成状况进行考核等，这些问题都需明确阐述并形成政府文件下发给相关单位。二是任务分解要兼顾地区差异，区域间提倡协同减排。考虑到各省区所面临的减排压力不尽相同，有必要根据各地区的自身特点施加差异化的减排任务；在此基础上，通过构建指标体系完成对各省（区、市）的聚类整合，而后同一类地区制定整体减排方案，实现协同减排。三是全面履行问责制，凡事坚持责任到人。农业碳减排任务分解之后，要明晰相关负责单位和第一责任人，并让其签订承诺书，如到期未能完成约定任务将给予负责人行政问责，情形严重甚至调离原先工作岗位，而对于提前或者超额完成任务的责任主体则给予通报嘉奖，并将其作为各类先进评选以及干部提拔的重要依据。

第二，加大对农业碳减排工作的财政支持力度。政府相关部门应综合运用直接财政投入、财政转移支付、低息乃至无息贷款等多类政策工具，切实加快农业碳减排工作的顺利推进。具体而言，可从两方面着手：一是加大对全国涉农高等院校、科研院所以及龙头企业的财政支持力度，为其培养"知农、懂农、爱农"的复合型"三农"人才提供经费保障，同时还有助于激励他们勇于创新，研发出更多、更为有效的农业低碳生产技术。二是通过中央财政转移支付方式强化对农业生产者的补贴力度，以激励他们践行农业低碳生产：（1）为农业碳汇补贴制度的顺利推进提供足额资金保障；（2）为农业碳排放权奖惩制度的实施提供必要的初始资金；（3）对生产低碳型农用物资的企业给予一定补贴，如亏损补贴、财政贴息贷款等，以此提升其生产积极性；（4）对积极采用低碳型农业生产资料（如有机肥、绿色农药等）或践行低碳生产行为（如秸秆还田、保护性耕作等）的各类生产主体予以适当的价格补贴；（5）加大对退耕还林行为的补贴力度，确保补贴标准在未来有所提高，至少应与物价水平变化保持一致。

第三，强化对农业碳减排工作的金融支持力度。在绿色金融理念越发深入人心的现实背景下，政府应鼓励各类金融机构深入"三农"领域，为加快推进我国农业碳减排工作贡献一分力量。具体而言，可从以下三方面着手：一是开发以"绿色小额信贷"为代表的针对各类农业低碳生产行为的金融产品。主要通过无息贷款或无偿资助性方式鼓励各类农业生产主体、微型企业进行农业低碳生产或环保产业投资，如扩大生态防护林覆盖面积、强化农业固碳技术的研发与推广等。二是健全金融支持农业低碳生产的风险补偿机制。政府可根据各地社会经济发展现状及低碳农业的信贷发放情况，及时有效地测算发展农业低碳生产所需资金数额，然后给予相关金融机构一定的税收政策优惠，鼓励它们为农业低碳生产者提供必要资金支持；而在实践过程中还需明确农业低碳生产项目的风险管理，并通过建立存款保险制度、社会中间层援助制度和信用保证制度来分散其经营风险。三是完善金融支持农业低碳生产的法律法规。通过相关法规的完善，实现农业低碳生产信贷审批程序与借贷客户档案分类管理制度的规范化；对于环保效果佳、信誉好的项目优先借贷，反之严格限制。

8.2　创新区域试点示范，搭建农业碳减排区域协同推进平台

除了总体进展偏慢外，区域减排进度不一致则是困扰我国农业碳减排工作的又一大难题，具体表现在各省区农业碳排放强度差异较大、农业碳排放权分配极不均衡、所能享受到的碳减排补偿金额差别明显等。在此境况下，如何尽快缩小地区差距、早日实现农业碳减排工作的区域同步将是今后我国亟须解决的问题。为此，可以结合各地区农业资源禀赋特征，完成农业低碳生产标准的制定与试点示范地区的设立，而后将 31 个省（区、市）按照一定条件约束划分为几组，并基于各自特点制定差异化的应对策略；同时，为了确保政策的顺利实施，有必要搭建农业碳减排区域协同推进平台。

第一，制定农业低碳生产标准，规范涉农主体生产行为。一是建立健

全农业低碳生产评价标准，完善统计体系并丰富其数据库。具体而言，各级统计部门要配合牵头单位建立起一套能够客观反映当前农业碳减排现状、农业低碳生产特点与总体发展状况的统计方案，并以此为基础完成农业低碳生产与减排目标，实现各项统计指标的选取。同时，加强对重点涉农企业的能耗统计，构建信息库并强化适时监测与上报，将企业生产责任与农业碳减排目标、农产品质量安全保障以及社会信誉等高度结合。二是奖惩结合，以此规范涉农主体行为。既要依法惩处各类违反农业低碳生产要求、不利于农业碳减排工作推进的相关行为，也应积极落实各类奖励政策。比如，对于那些危害农业生态环境的高碳生产行为（如秸秆焚烧），要从法律和制度层面予以惩处；又如，给予农业高新技术企业在项目招标、征用土地等方面的政策优惠，制定激励政策引导企业对农业低碳生产领域予以投资。除此之外，还可通过专业技术协会或农民生产合作社的建立，规范农业生产者的农资利用行为。

第二，突出典型带动，创新区域农业低碳生产试点示范。在推进农业碳减排过程中，要注重区域创新，完善各种模式的试点示范。其中，对于城郊地区，构建都市农业旅游市场信息平台，积极推进低碳型都市农业旅游品牌建设；同时鼓励基础条件较好、具有特色资源的县城和特色小镇加快发展休闲观光农业项目。在山区丘陵地区，全面实施"绿满中国"行动，开展大规模造林绿化行动，加强森林经营，实施森林质量精准提升工程，着力增加森林碳汇；同时，加强对原有森林资源的有效管护，逐步停止对天然林的商业性采伐，着力扩大森林覆盖面积并增加蓄积量；除此之外，还应逐步完善碳汇计量监测工作，鼓励发展碳汇林项目。在贫困地区，一方面其农产品主产区需避免过度工业化与城镇化，同时着力推进农林产业扶贫战略，加快发展绿色和有机农产品；另一方面其重点生态功能区要严守生态红线，并发展以特色林果和生态文化旅游等为代表的农业低碳产业，同时还需进一步完善农业生态保护补偿机制，积极探索出一种涵盖农业碳汇交易和绿色农产品标识的市场化补偿模式；除此之外，还可引导涉农企业与贫困乡村结对开展农业低碳生产扶贫活动。

第三，注重省区整合，搭建农业碳减排区域协同推进平台。虽然在任务分解中会予以各个地区差异化的减排目标，并通过聚类整合以实现协同减排；但其能否顺利推行却与协同推进平台是否搭建紧密相关。有鉴于此，本书将尝试从三个维度完成农业碳减排区域协同推进平台的搭建：一是农业碳汇补贴监督平台的搭建。该平台主要是为了确保农业碳汇补贴制度的顺利实施。由前文分析可知，农业碳汇补贴制度的运行模式是，国家层面由农业农村部设置相关处室，主要负责碳汇补贴资金的核算与分拨，省级农业农村厅则予以对接并将补贴资金发放至农业生产者。为此，可考虑基于我国六大地理分区设置监督平台，主要行使对所辖省区补贴资金发放的监督工作，同时也为进一步优化补贴制度、实现农业碳减排区域一体化建言献策。二是农业碳排放权奖惩平台的搭建。由于奖惩资金主要源自各省区财政支出，为了确保该制度的顺利推进，有必要搭建区域奖惩平台予以协调。具体而言，国家层面负责总体协调，而各区组则设置分平台以优化奖惩资金的流向。三是农业碳减排协同监管平台的搭建。其中，国家居于统筹地位，于东、中、西部地区设立分支机构，具体操作上，国家平台负责未来规划的制定以及任务的分解与下发，而各区域平台则敦促辖区内省区尽快完成国家所下达的任务计划。

8.3 洞悉涉农主体技术需求，积极引导农业生产低碳化

宏观层面的政策引领与中观层面的区域协同固然重要，但农业碳减排目标实现的关键却在于农业低碳生产技术的广泛运用，而这显然离不开各类涉农主体的深度参与。实践中，由于技术研发主体与需求主体之间存在相互脱离，使得技术供给与需求经常出现无法匹配的情形。在现行体制下，我国农业低碳生产技术的研发更多地依赖于涉农高等院校、科研院所以及部分农业生产企业，而农业生产者总体参与程度较低；反观技术需求主体，时至今日以一般农户为代表的小农经营者仍占据绝对主导地位。供给与需求的脱节导致了农业低碳生产技术采用频率较低，且在使用过程中容易出现低效率现象，由此极大影响了农业碳减排进程。在此背景下，如何提高涉农主体低碳生产技术采纳频率，进而实现农业生产过程的全面低碳化，将成为今后社会各界予以关注的重点。为了该目标的实现，可以尝

试选择如下措施：

第一，深入农村调研，基于涉农主体需求完善农业低碳生产技术研发工作。供给与需求难以匹配是制约我国各类农业生产技术推广的关键动因，且困扰已久。为此，所有涉农高等院校、科研院所以及龙头企业都应予以重视。解决这一问题的关键在于，技术研发者必须充分联系农村实际，通过对当地资源禀赋以及农业生产者各方面信息的有效汇集，有针对性地研发各类农业低碳生产技术。具体可分为三个步骤：首先，研发者应定期组织专业团队深入技术潜在采用地区开展专题调研，一方面对当地农业资源禀赋（如农地规模、土壤土质、水热条件、灌溉条件）与产业结构形成必要认知，并从专业视角分析各类农业低碳生产技术被其采用的可能性；另一方面则通过随机走访、当面交流的方式明晰广大农业生产者对各类农业低碳生产技术的选择偏好。其次，对调研信息进行加工处理，在兼顾农业资源禀赋、产业结构特征与农业生产者自身偏好的基础上，找到三者之间的契合点，由此形成农业低碳生产技术研发的备选方案。最后，技术研发人员将以备选方案为依据着手相关研发工作，进而开发出与广大农业生产者需求相匹配的农业低碳生产技术，并在大田试验的基础上不断更新完善。

第二，加大宣传力度，鼓励涉农主体广泛运用农业低碳生产技术。现实中，为了更好地提升涉农主体农业低碳生产意愿，切实推进农业生产低碳转型，可考虑从以下几方面着手：一是强化宣传与引导，进一步深化涉农主体对农业低碳生产的基本认识。具体而言，既要加大对低碳农业理念的宣传力度，增强涉农主体的宏观认知水平，也需强化对各类农业低碳生产技术的示范与推广，以便让更多的生产主体了解、认可并最终采用。需要强调的是，在宣传过程中要确保三点，即宣传内容切合实际、宣传方式形式多样、宣传对象全面覆盖。二是加强研发投入与政策支持力度，着力提升低碳型农产品的综合价值与比较优势。加大对农业低碳生产技术的研发力度，同时着力培育农产品优良品种，在此基础上辅以必要的配套政策，切实确保农业低碳生产能满足农业生产者在品质、价格、声誉以及成本控制等方面的心理预期，且生产出来的产品相比普通农产品具有更高的综合价值和比较优势。三是制定针对性策略，逐步弱化户主（领导者）个人特征、家庭背景对涉农主体农业低碳生产意愿的潜在制约。一方面，加强对年龄较长涉农主体负责人科学知识的普及力度，让其接受以低碳农业为代表的新生事物；另一方面，着力强化对农业收入占比高家庭农业低碳生产的引导力度。

第三，注重技能培训，引导农业生产者切实践行农业生产过程的低碳化。在推进农业低碳生产的过程中，提供与涉农生产主体需求相匹配的农业低碳生产技术是基础，强有力的宣传与引导则是保障，而这些技术是否合理运用却决定着农业低碳生产的最终高度。之所以如此，主要是因为现实中的农业低碳生产技术种类繁多，包含农作物与畜禽良种、节能减排农机具、生物化肥与农药等，而能否正确运用这些技术在很大程度上将决定农业碳减排工作的成败。就我国现有农业生产者来看，虽普遍务农经验丰富，但受限于其总体偏低的科学文化素养，极大制约了他们运用各类农业低碳生产技术的能力。为了解决这一问题，我们应定期对农业生产者进行相关技能培训，以提升其综合运用各类低碳生产技术的能力。为了确保培训效果更为突出，政府应出台相关政策鼓励技术研发者面对面给农业生产者进行讲解，这样做的好处有三点：其一，能极大消除农业生产者的内心疑虑，提升他们使用低碳生产技术的信心；其二，对于农业生产者技术使用过程中所遇到的各类疑难问题能给予更为权威的解答；其三，有助于不同类别低碳生产技术的有效衔接与整合采用，进而实现农业生产过程的全面低碳化。

8.4　本章小结

本章立足于前文分析结论，同时结合国外的先进经验与启示，从宏观、中观和微观三个不同维度提出了推进我国农业碳减排的对策建议：（1）制定农业碳减排规划，完善各项政策保障措施。内容包括三个方面，一是制定农业碳减排规划，目标清晰且履行问责制；二是加大对农业碳减排工作的财政支持力度，分别涉及涉农科研经费投入和中央财政转移支付；三是强化对农业碳减排工作的金融支持力度，如开发涉农金融产品、健全风险补偿机制、完善相关法律法规等。（2）创新区域试点示范，搭建农业碳减排区域协同推进平台。具体内容涵盖三个方面：一是制定农业低碳生产标准，规范涉农主体生产行为；二是突出典型带动，创新区域农业低碳生产试点示范；三是注重省区整合，搭建农业碳减排区域协同推进平台。（3）洞悉涉农主体技术需求，积极引导农业生产低碳化。为了确保该目标的顺利实现，可尝试选择如下措施：一是深入农村调研，基于涉农主体需求完善农业低碳生产技术研发工作；二是加大宣传力度，鼓励涉农主体广泛运用各类农业低碳生产技术；三是注重技能培训，引导农业生产者切实践行农业生产过程的低碳化。

第 9 章
基本结论与研究展望

前 8 章在明确选题依据与理论框架的基础上，首先系统梳理了我国农业碳排放现状与特征；然后基于我国农业碳排放权省域分配现状与农业碳汇省域构成特点，尝试探索了补贴与奖惩结合模式下的农业碳减排补偿机制；接下来则从微观视角探究了影响农户农业低碳生产意愿与行为的相关因素；最后立足于前文分析结果，并结合国外先进经验与启示，从宏观、中观和微观三个不同维度提出了推进我国农业碳减排的对策建议。而本章作为全书的最后一部分，将主要从三个方面展开内容：一是对前面各个章节的分析内容进行全面总结，以此归纳出本书的主要研究结论；二是结合自身研究历程，指出本书在内容设计、数据收集与整理等方面所存在的不足；三是基于本书研究的局限性，合理展望未来的研究方向。

9.1 主要研究结论

（1）我国农业碳排放量总体呈现上升趋势而强度则呈持续下降态势，同时省域间差异明显；农业碳汇量总体处于增长态势且各地情形也不尽相同。

一方面对我国及其 31 个省（区、市）的农业碳排放量进行了有效测度，并从总量、强度、结构 3 个不同维度探讨其空间分异特征；另一方面则科学测算了我国农业碳汇量并分析了其时空特征。结果发现：①2017 年中国农业碳排放总量为 27781.61 万吨，较 2000 年增加了 13.04%。其中，种植业和畜牧业所导致的碳排放分别占农业碳排放总量的 63.98% 和 36.02%。从演变趋势来看，农业碳排放总量总体呈现"波动上升—持续下降—持续上升—持续缓慢下降"的四阶段变化特征；农业碳排放强度虽一直处于下降态势，但呈现出"降速放缓"与"降速回升"的循环变化轨迹；至于农业碳排放结构，虽年际间存在一定起伏，但种植业碳排放所占比重总体处于明显上升趋势。②从地区分布来看,农业碳排放主要源于传统农业大省尤其是粮食主产省区,农业碳排放强度总体呈现"西高东低"的特征，具体表现为青藏地区最高、华中与西北地区紧随其后、西南地区相对较低、东部地区最低；至于碳排放比重构成差异，可将 31 个省（区、市）划分为种植业主导型、畜牧业主导型、相对均衡型三类地区，其中以种植业主导型省份最多。③深度探究各省级行政区在考察期内的动态演变特点可知,总量方面有 20 个地区处于上升趋势且以黑龙江（82.28%）增幅最大，其他 11 个地区则处于下降态势；强度方面，所有省区均有不同程度减少且以海南（减少了 67.86%）降幅最大；结构方面，绝大多数省区种植业碳排放占比均有明显的提升。④2017 年我国农业碳汇量为 78309.40 万吨（标准 CO_2），较 2000 年增加了 48.73%。其中，粮食作物实现碳汇 61622.74 万吨，占到了农业碳汇总量的 78.69%；从其演变轨迹来看，总体呈现较为明显的"平稳—上升—平稳"三阶段变化特征。具体到各省级行政区，河南以绝对优势占据榜首位置，碳汇量高达 7939.96 万吨；农业碳汇量最少的地区是北京，仅为 55.16 万吨。与 2012 年相比，以天津、河北为代表的 20 个省区农业碳汇量均有不同程度的提升，而其他 11 个地区出现了一定回落。

（2）我国 31 个省（区、市）的农业碳排放权分配数额表现出了极大差异，且有 21 个地区的初始空间余额呈现出不同程度的匮乏。

通过构建农业碳排放权省区分配模型完成了省区分配，在此基础上与当前各地实际农业碳排放量进行比对，明晰了各自初始空间余额；而后则对农业碳排放权匮乏地区的碳减排压力进行综合评估。结果表明：①2017~2030 年期间，我国 31 个省（区、市）农业碳排放权分配悬殊，其中山东配额最高，达到了 59208.08 万吨，占该阶段全国总碳排放权的 16.11%；河南、河北、山西和广东依次排在 2~5 位；而西藏配额最少，仅为 0.18%，青海、新疆、福建、天津依次排在倒数 2~5 位。②全国有 10 个省区在 2017 年时间点上的农业碳排放权初始空间余额表现为盈余状态，其中仍以山东居首，达到了 2715.07 万吨，河南、河北、山西、北京依次排在 2~5 位；根据形成特点可大致分为以河北、山东、河南、吉林等粮食主产省份为代表的"高排放、高配额"地区，以北京、山西、海南等地为代表的"低排放、高配额"地区，以及以天津、上海、宁夏等地为代表的"低排放、低配额"地区。③其他21个地区则表现出一定程度的匮乏，根据各自实际匮乏程度可将其划分以广东、广西、重庆等 8 地为代表的轻度匮乏地区，以内蒙古、辽宁、黑龙江等 7 地为代表的中度匮乏地区，以及以江苏、江西等 6 地为代表的重度匮乏地区。④在所有农业碳排放权表现出匮乏特征的地区中，西藏所面临的减排压力要明显高于其他省区，属于压力极大地区；而余下省份则可归为减排压力较大地区、压力居中地区和压力较小地区；进一步深入分析可知，各地区农业碳减排压力水平与其碳排放权匮乏数量之间并未完全表现出同一趋势。

（3）倘若实施农业碳减排补偿机制，绝大多数地区都能享受到实惠且以河南、山东获益最丰，但极个别地区也需承担数额不低的罚金。

在完成相关理论分析的基础上，尝试探索了补贴与奖惩结合模式下的农业碳减排补偿机制，并以 31 个省（区、市）作为研究对象进行了实证检验。研究发现：①河南、黑龙江以较大优势居于农业碳汇补贴额的前两位，分别达到了 86.04 亿元和 80.21 亿元，而北京最低，仅为 0.46 亿元。至于碳汇补贴标准，吉林以较大优势居首，达到了 52.19 元/吨；而青海最低，仅为 14.44 元/亩。基于各地区碳汇补贴额度与补贴标准的数值差异，可将 31 个地区划分成以河北等 9 地为代表的"双高"型地区，以内蒙古等 4 地为代表的"高收益—低效益"型地区，以天津等 3 地为代表的"低收益—高效益"型地区，以及以北京等 15 地为代表的"双低"型地区。②10 个地区可以享受因为农业碳排放权盈余所给予的奖励，累计金额高达 99.514 亿元，但两极分化极为严重，其中排名居首的山东所能获取的奖励金额高达 31.688 亿元，而额度最少的天津仅为 1.591 亿元。与此同时，有多达 21 个地区因为农业碳排放权处于匮乏状态而受到处罚，累计处罚金额高达 119.394 亿元，其中湖南所遭受的处罚力度最大，需支付罚金 14.048 亿元，而陕西所需缴纳的罚款额度最低，仅为 0.125 亿元。综合来看，各地区受罚金额虽也存在两极分化现象，但分化程度要稍好一点。③综合分析表明，河南以微弱优势占据农业碳减排补偿金额的榜首位置，其累计可享受 103.76 亿元的减排补偿金；山东、黑龙江、河北和吉林依次排在 2～5 位；与此对应，西藏、青海和福建依次排在倒数后 3 位，三地不仅无法享受到补偿金带来的实惠，而且还需承担数额不低的罚金。

（4）认知程度、未来预期对农户农业低碳生产意愿均产生了显著影响；而农户是否具有低碳生产行为主要与户主个人特征、家庭特征紧密相关。

基于武汉市、蕲春县的实地调查数据，运用二元 Logistic 模型一方面分析了认知程度、未来预期对农户农业低碳生产意愿的影响，另一方面则以化肥施用和农药使用为例，探讨了影响农户农业低碳生产行为的主要因素。结果表明：①认知程度和未来预期均对农户农业低碳生产意愿产生了重要影响，其中，信息接收程度、低碳农业了解程度、是否参加低碳农业培训 3 个变量均对农户农业低碳生产意愿具有正向影响。品质预期、价格预期、声誉预期以及政府支持预期 4 个变量均与农户农业低碳生产意愿呈现显著正相关；而成本预期则具有显著的负向影响。控制变量中，户主性别、劳动力数量对农户农业低碳生产意愿均表现出显著的正效应，而务农年限和农业收入占比对农户农业低碳生产意愿则具有显著的负向影响。②农户在化肥施用和农药使用上的低碳生产行为表现存在一定差异：在化肥施用上，分别有 26.60% 和 47.78% 的农户选择低于标准和严格按照标准施用；而在农药使用上，这两个比例分别为 22.91% 和 47.05%。影响农户在化肥施用和农药使用上是否具有低碳生产行为的因素同中有异：从共同因素来看，户主职业与政治面貌变量均具有显著的负向影响；而健康状况和专业培训变量均表现出显著的正向影响。从差异性因素来看，收入水平变量对农药使用上的低碳生产行为具有显著的正向影响；机耕面积变量则对化肥施用上的低碳生产行为具有显著的正向影响。

（5）推进农业碳减排工作需从多个方面切入，既要注重宏观支持政策的有效引导与中观区域协同减排平台的建设，也要强化农业生产者对低碳生产技术的选用。

基于前文分析结论，同时结合国外的先进经验与启示，本书从宏观、中观和微观三个不同维度提出了推进我国农业碳减排的对策建议：①制定农业碳减排规划，完善各项政策保障措施。近年来，农业碳排放问题激发了不少学者的研究兴趣，一些学术观点也逐步被学界、政界所认可。但是，由于缺少全面有效的政策支持与制度保障，导致目前农业碳减排工作仍进展较为缓慢。有鉴于此，政府部门应强化对农业碳减排工作的政策支持与制度保障，可尝试从以下三方面着手：一是制定农业碳减排规划，目标清晰且履行问责制；二是加大对农业碳减排工作的财政支持力度；三是强化对农业碳减排工作的金融支持力度。②创新区域试点示范，搭建农业碳减排区域协同推进平台。区域减排进度不一致是困扰我国农业碳减排工作的又一大难题，在此境况下，如何尽快缩小地区差距、早日实现农业碳减排工作的区域同步将是今后我国亟须解决的问题。具体可以从以下几方面着手：一是制定农业低碳生产标准，规范涉农主体生产行为；二是突出典型带动，创新区域农业低碳生产试点示范；三是注重省区整合，搭建农业碳减排区域协同推进平台。③洞悉涉农主体技术需求，积极引导农业生产低碳化。农业碳减排目标能否实现的关键在于农业低碳生产技术的广泛运用，但在推广过程中却经常出现技术供给与需求难以匹配的情形。为了解决这一问题，可尝试选择如下措施，一是深入农村调研，基于涉农主体需求完善农业低碳生产技术研发工作；二是加大宣传力度，鼓励涉农主体广泛运用各类农业低碳生产技术；三是注重技能培训，引导农业生产者切实践行农业生产过程的低碳化。

9.2　研究不足

本书在厘清我国农业碳排放与碳汇现状特征的基础上，立足于我国农业碳排放权省域分配状况与农业碳汇省域构成特点，尝试探索了补贴与奖惩结合模式下的农业碳减排补偿机制，并以 31 个省（区、市）为例进行了实证检验；同时，还立足微观视角探究了影响农户低碳生产意愿与行为的关键性因素。而后，基于前文分析结论，同时结合国外的先进经验与启示，提出了推进我国农业碳减排的对策建议。总体而言，笔者在全书的撰写过程中虽力争精确，但受限于数据的难以获取以及本人研究能力的欠缺，本书仍存在一些不足，主要表现在以下几个方面：（1）未将农作物秸秆纳入农业碳排放测算指标体系之中。农作物秸秆的差异化处理会导致完全相反的结果：直接于田间焚烧会诱发二氧化碳排放；用于还田却又能起到固碳作用。而在实际研究中，由于无法判定差异化处理方式所对应的秸秆数量，故书中并未考虑农作物秸秆的碳排放效应。(2) 在探究涉农主体农业低碳生产技术采纳行为时涉及面较窄，一方面未曾考虑除普通农户之外的其他农业生产主体，如农民专业合作社、家庭农场、农业龙头企业等；另一方面仅仅考察了两类农业低碳生产行为，而其他农业低碳生产技术抑或农业低碳生产行为都未曾纳入，因而难以全面把握影响生产者农业低碳生产技术采纳行为的各种关键性因素。上述问题的出现主要源于问卷设计考虑不周、对微观调研缺少足够信心。

9.3 研究展望

基于本书撰写所存在的不足，今后将重点围绕以下 4 个方面予以拓展：

(1) 进一步完善农业碳排放测算指标体系。目前对农业碳排放的测度主要集中于农用物资投入、水稻种植以及畜禽养殖 3 个方面，而较少考虑由于秸秆焚烧、渔业生产等活动所可能引起的碳排放。同时，对于土壤碳库破坏所导致的碳流失也缺少足够关注。为此，在今后研究中，需不断完善农业碳排放测算指标体系，尤其要将渔业生产、秸秆焚烧以及土壤碳库破坏所导致的温室气体排放纳入同一分析框架进行度量。实际操作中，一方面需对我国农作物秸秆规模及其焚烧占比情况进行摸底调查，切实了解各省区历年来的秸秆焚烧量，然后以此为基础对秸秆焚烧碳排放进行有效测度；另一方面系统查阅国内外相关文献，力争在渔业碳排放研究方面取得突破性进展；除此之外，考虑到土壤碳流失目前虽已形成大量研究成果但各自结论却差异较大的现实背景，接下来所要做的工作就是通过各种比对，从中找出一个具有一定普适性的权威性结论，以确保其核算结果的科学性。

(2) 逐步将林草地碳汇纳入补偿机制之中。目前，关于林地碳汇、草地碳汇虽已形成了大量研究成果，但其关注重心却聚焦于碳汇数量的全面测度与其生态效应的综合评价。而且林、草地复杂多样的构成特点一定程度上也影响了其正常核算，不同学者抑或研究团队所测算出来的碳汇结果通常存在较大差异。受此影响，关于林、草地碳汇的研究一般停留于表面，而缺少必要的深度剖析。有鉴于此，接下来笔者会强化对林、草地碳汇问题的系统研究。首先，逐步完善林地碳汇与草地碳汇的测算方法体系，具体参照国内外相关权威研究成果，同时充分结合中国国情形成一套能体现地区差异性的碳汇测算指标体系，在此基础上完成各省级行政区林、草地碳汇数量的有效测度，并形成相关数据库；其次，则考虑将林地碳汇与草地碳汇纳入农业碳减排补偿机制，分别实施林业碳汇补贴制度与草地碳汇补贴制度，具体的补贴原则及形成机制将成为未来研究的重点。

（3）全面深化微观领域的相关研究。截至目前，微观领域的研究主要聚焦于农户农业低碳生产意愿以及少数几类农业低碳生产技术采纳行为的探讨，且相关分析较为浅显，对现实问题背后的深层次原因缺少深度挖掘。为此，在未来的研究中，一方面将围绕各类农业低碳生产技术的农业生产者采纳情况展开分析，尤其要厘清影响其技术选择的关键性因素。为了实现该目的，首先根据现有各类低碳生产技术的基本特点，有针对性地设计调查问卷，并深入相关农村地区开展调研以获取原始数据；而后，利用数理统计与计量分析方法探究影响涉农主体各类低碳生产技术采纳与运用的关键性因素，在此基础上通过系统归纳形成有用信息；最后将信息适时反馈至农技研发机构抑或农业主管部门，以为他们科学决策提供必要依据。而另一方面，则围绕涉农主体对农业碳减排补偿机制的认知、参与意愿及其影响机理展开系统探究，以评估补偿机制成效，便于后续对其进一步完善。

（4）拓展现有研究框架与内容构成。本书虽基于补贴与奖惩的结合完成了农业碳减排补偿机制构建，并在微观分析的基础上结合国外先进经验提出了相关支持政策建议，即便如此，仍存在不少亟待我们深化与拓展的研究领域：一是强化博弈分析，厘清不同主体的利益诉求并优化其实践路径。农业碳减排工作的实施必然会使农业生产者、政府主管部门、农技推广机构、涉农企业、公众等多方主体的利益受到影响，由于各自所处位置存在差异，导致其利益诉求也不尽相同，为此有必要通过博弈论知识的综合运用，探寻出各方主体利益平衡的契合点。二是重视内涵分析，抓住现象背后的本质。对于农业碳减排问题的探究，我们不能停留在一般现状的描述与分析，而应着重关注其背后的深层次原因，切实厘清各地农业碳减排步调不一致的关键性动因。三是进一步强化理论探讨，与实证研究形成良好衔接。就本书来看，虽相关分析力求全面，但所归纳的思想性、定律性内容偏少，未能形成较高的理论深度。有鉴于此，未来研究中应在现有实证分析的基础上，着力提升理论水平，以让农业碳减排的相关研究迈上一个新的台阶。

参 考 文 献

[1] 曹超学，文冰．基于碳汇的云南退耕还林工程生态补偿研究［J］．林业经济问题，2009，29（6）：475－479．

［2］曹俊文，曹玲娟．江西省农业碳排放测算及其影响因素分析［J］．生态经济，2016，32（7）：66－68，167．

［3］陈昌洪．低碳农业标准化理论分析与发展对策［J］．西北农林科技大学学报（社会科学版），2016，16（1）：52－58．

［4］陈昌洪．农户选择低碳农业标准化的意愿及影响因素分析——基于四川省农户的调查［J］．北京理工大学学报（社会科学版），2013，15（3）：21－25．

［5］陈慧，付光辉，刘友兆．江苏省县域农业温室气体排放：时空差异与趋势演进［J］．资源科学，2018，40（5）：1084－1094．

［6］陈瑾瑜，张文秀．低碳农业发展的综合评价——以四川省为例［J］．经济问题，2015（2）：916－923．

［7］陈儒，邓悦，姜志德．基于修正碳计量的区域农业碳补偿时空格局［J］．经济地理，2018，38（6）：168－177．

［8］陈儒，姜志德．中国低碳农业发展绩效与政策评价［J］．华南农业大学学报（社会科学版），2017，16（5）：28－40．

［9］陈儒，姜志德．农户对低碳农业技术的后续采用意愿分析［J］．华南农业大学学报（社会科学版），2018，17（2）：31－43．

［10］陈儒，姜志德．中国省域低碳农业横向空间生态补偿研究［J］．中国人口·资源与环境，2018，28（4）：87－97．

［11］陈瑶，尚杰．四大牧区畜禽业温室气体排放估算及影响因素分解［J］．中国人口·资源与环境，2014，24（12）：89－95．

[12] 陈银娥, 陈薇. 农业机械化、产业升级与农业碳排放关系研究——基于动态面板数据模型的经验分析 [J]. 农业技术经济, 2018 (5): 122 - 133.

[13] 程琳琳, 张俊飚, 田云, 等. 中国省域农业碳生产率的空间分异特征及依赖效应 [J]. 资源科学, 2016, 38 (2): 276 - 289.

[14] 褚彩虹, 冯淑怡, 张蔚文. 农户采用环境友好型农业技术行为的实证分析——以有机肥与测土配方施肥技术为例 [J]. 中国农村经济, 2012 (3): 68 - 77.

[15] 戴小文, 何艳秋, 钟秋波. 中国农业能源消耗碳排放变化驱动因素及其贡献研究——基于 Kaya 恒等扩展与 LMDI 指数分解方法 [J]. 中国生态农业学报, 2015, 23 (11): 1445 - 1454.

[16] 邓明君, 邓俊杰, 刘佳宇. 中国粮食作物化肥施用的碳排放时空演变与减排潜力 [J]. 资源科学, 2016, 38 (3): 534 - 544.

[17] 董捷, 张雪, 张安录. 武汉城市圈农地城市流转效率测度——基于碳排放的视角 [J]. 江汉论坛, 2015 (8): 23 - 29.

[18] 董明涛. 我国农业碳排放与产业结构的关联研究 [J]. 干旱区资源与环境, 2016, 30 (10): 7 - 12.

[19] 樊翔, 张军, 王红, 等. 农户禀赋对农户低碳农业生产行为的影响——基于山东省大盛镇农户调查 [J]. 水土保持研究, 2017, 24 (1): 265 - 271.

[20] 方恺, 张琦峰, 叶瑞克, 等. 巴黎协定生效下的中国省际碳排放权分配研究 [J]. 环境科学学报, 2018, 38 (3): 1224 - 1234.

[21] 丰军辉, 何可, 张俊飚. 家庭禀赋约束下农户作物秸秆能源化需求实证分析——湖北省的经验数据 [J]. 资源科学, 2014, 36 (3): 530 - 537.

[22] 高标, 房骄, 卢晓玲, 等. 区域农业碳排放与经济增长演进关系及其减排潜力研究 [J]. 干旱区资源与环境, 2017, 31 (1): 13 - 18.

[23] 高鸣, 陈秋红. 贸易开放、经济增长、人力资本与碳排放绩效——来自中国农业的证据 [J]. 农业技术经济, 2014 (11): 101 - 110.

[24] 高鸣, 宋洪远. 中国农业碳排放绩效的空间收敛与分异——基

于 Malmquist – luenberger 指数与空间计量的实证分析 [J]. 经济地理, 2015, 35 (4): 142 – 148, 185.

[25] 高文玲, 施盛高, 徐丽, 等. 低碳农业的概念及其价值体现 [J]. 江苏农业科学, 2011, 39 (2): 13 – 14.

[26] 郭鸿鹏, 马成林, 杨印生. 美国低碳农业实践之借鉴 [J]. 环境保护, 2011 (21): 71 – 73.

[27] 郭娇, 刘婕, 张妮娅, 等. 湖北省畜牧业温室气体排放潜力 [J]. 华中农业大学学报, 2017, 36 (2): 78 – 83.

[28] 郭四代, 钱昱冰, 赵锐. 西部地区农业碳排放效率及收敛性分析——基于 SBM – Undesirable 模型 [J]. 农村经济, 2018 (11): 80 – 87.

[29] 韩洪云, 孔杨勇. 农户农业互助保险参与行为影响因素分析——以浙江临安山核桃种植户为例 [J]. 中国农村经济, 2013 (7): 24 – 35.

[30] 韩召迎, 孟亚利, 徐娇, 等. 区域农田生态系统碳足迹时空差异分析——以江苏省为案例 [J]. 农业环境科学学报, 2012, 31 (5): 1034 – 1041.

[31] 何艳秋, 戴小文. 中国农业碳排放驱动因素的时空特征研究 [J]. 资源科学, 2016, 38 (9): 1780 – 1790.

[32] 贺大州. 低碳农业发展的美国经验和对中国的启示 [J]. 世界农业, 2015 (6): 150 – 154.

[33] 侯博, 应瑞瑶. 分散农户低碳生产行为决策研究——基于 TFP 和 SEM 的实证分析 [J]. 农业技术经济, 2015 (2): 4 – 13.

[34] 胡川, 韦院英, 胡威. 农业政策、技术创新与农业碳排放的关系研究 [J]. 农业经济问题, 2018 (9): 66 – 75.

[35] 胡中应, 胡浩. 产业集聚对我国农业碳排放的影响 [J]. 山东社会科学, 2016 (6): 135 – 139.

[36] 胡中应. 技术进步、技术效率与中国农业碳排放 [J]. 华东经济管理, 2018, 32 (6): 100 – 105.

[37] 黄强, 卓成刚, 张浩. 土壤碳汇补偿困境及对策研究 [J]. 生态经济, 2013 (8): 51 – 55.

[38] 江英. 粮田是温室气体纯排放地 [J]. 中国环境科学, 2001

（2）：41.

［39］姜利娜，赵霞．农户绿色农药购买意愿与行为的悖离研究——基于 5 省 863 个分散农户的调研数据［J］．中国农业大学学报，2017，22（5）：163－173.

［40］揭懋汕，郭洁，陈罗烨，等．碳约束下中国县域尺度农业全要素生产率比较研究［J］．地理研究，2016，35（5）：898－908.

［41］孔立，朱立志．马铃薯生产的碳排放优势研究——基于农业投入品和 LMDI 模型的实证分析［J］．农业技术经济，2016（7）：111－121.

［42］匡兵，卢新海，韩璟，等．考虑碳排放的粮食主产区耕地利用效率区域差异与变化［J］．农业工程学报，2018，34（11）：1－8.

［43］李波，刘雪琪，王昆．中国农地利用结构变化的碳效应及时空演进趋势研究［J］．中国土地科学，2018，32（3）：43－51.

［44］李波，梅倩．农业生产碳行为方式及其影响因素研究——基于湖北省典型农村的农户调查［J］．华中农业大学学报（社会科学版），2017（6）：51－58，150.

［45］李波，张俊飚．基于我国农地利用方式变化的碳效应特征与空间差异研究［J］．经济地理，2012，32（7）：135－140.

［46］李波，张俊飚，李海鹏．中国农业碳排放时空特征及影响因素分解［J］．中国人口·资源与环境，2011，21（8）：80－86.

［47］李博，张文忠，余建辉．碳排放约束下的中国农业生产效率地区差异分解与影响因素［J］．经济地理，2016，36（9）：150－157.

［48］李长江，温晓霞，眭彦伟，等．陕西关中农田温室气体减排潜力分析［J］．西北农业学报，2013，22（8）：174－180.

［49］李国志，李宗植．中国农业能源消费碳排放因素分解实证分析——基于 LMDI 模型［J］．农业技术经济，2010（10）：66－72.

［50］李俊杰．民族地区农地利用碳排放测算及影响因素研究［J］．中国人口·资源与环境，2012，22（9）：42－47.

［51］李立，周灿，李二玲，等．基于投入视角的黄淮海平原农业碳排放与经济发展脱钩研究［J］．生态与农村环境学报，2013，29（5）：551－558.

[52] 李卫，薛彩霞，姚顺波，等．农户保护性耕作技术采用行为及其影响因素：基于黄土高原476户农户的分析 [J]．中国农村经济，2017（1）：44－57．

[53] 李夏菲，杨璐，于书霞，等．湖北省油菜测土配方施肥下 N_2O 减排潜力估算 [J]．中国环境科学，2015，35（12）：3817－3823．

[54] 李颖，葛颜祥，刘爱华，等．基于粮食作物碳汇功能的农业生态补偿机制研究 [J]．农业经济问题，2014，35（10）：33－40．

[55] 刘华军，鲍振，杨骞．中国农业碳排放的地区差距及其分布动态演进——基于 Dagum 基尼系数分解与非参数估计方法的实证研究 [J]．农业技术经济，2013（3）：72－81．

[56] 刘静暖，于畅，孙亚南．低碳农业经济理论与实现模式探索 [J]．经济纵横，2012（6）：64－67．

[57] 刘帅，钟甫宁．实际价格、粮食可获性与农业生产决策——基于农户模型的分析框架和实证检验 [J]．农业经济问题，2011，32（6）：15－20．

[58] 刘亦文，胡宗义．农业温室气体减排对中国农村经济影响研究——基于 CGE 模型的农业部门生产环节征收碳税的分析 [J]．中国软科学，2015（9）：41－54．

[59] 刘勇，张俊飚，张露．基于 DEA－SBM 模型对不同稻作制度下我国水稻生产碳排放效率的分析 [J]．中国农业大学学报，2018，23（6）：177－186．

[60] 刘月仙，刘娟，吴文良．北京地区畜禽温室气体排放的时空变化分析 [J]．中国生态农业学报，2013，21（7）：891－897．

[61] 龙云，任力．农地流转对碳排放的影响：基于田野的实证调查 [J]．东南学术，2016（5）：140－147．

[62] 米松华，黄祖辉，朱奇彪，黄莉莉．农户低碳减排技术采纳行为研究 [J]．浙江农业学报，2014，26（3）：797－804．

[63] 苗珊珊，陆迁．粮农生产决策行为的影响因素：价格抑或收益 [J]．改革，2013（9）：26－32．

[64] 闵继胜，胡浩．中国农业生产温室气体排放量的测算 [J]．中国

人口・资源与环境，2012，22（7）：21-27.

[65] 潘安. 中国农业贸易的碳减排效应研究 [J]. 华南农业大学学报（社会科学版），2017，16（4）：25-33.

[66] 潘伟，潘武林. 基于能源效率的中国省际碳排放权分配研究 [J]. 软科学，2018，32（6）：45-48.

[67] 庞丽. 我国农业碳排放的区域差异与影响因素分析 [J]. 干旱区资源与环境，2014，28（12）：1-7.

[68] 浦徐进，蒋力，刘焕明. 农户维护集体品牌的行为分析：个人声誉与组织声誉的互动 [J]. 农业经济问题，2011，32（4）：99-104.

[69] 祁悦，谢高地. 碳排放空间分配及其对中国区域功能的影响 [J]. 资源科学，2009，31（4）：590-597.

[70] 钱丽，肖仁桥，陈忠卫. 碳排放约束下中国省际农业生产效率及其影响因素研究 [J]. 经济理论与经济管理，2013（9）：100-112.

[71] 乔金杰，穆月英，赵旭强，等. 政府补贴对低碳农业技术采用的干预效应——基于山西和河北省农户调研数据 [J]. 干旱区资源与环境，2016，30（4）：46-50.

[72] 石生伟，李玉娥，刘运通，等. 中国稻田 CH_4 和 N_2O 排放及减排整合分析 [J]. 中国农业科学，2010，43（14）：2923-2936.

[73] 史常亮，郭焱，占鹏，等. 中国农业能源消费碳排放驱动因素及脱钩效应 [J]. 中国科技论坛，2017（1）：136-143.

[74] 史军，李超. 全球气候治理的伦理原则探析 [J]. 湖北大学学报（哲学社会科学版），2017，44（2）：23-29，160.

[75] 宋博，穆月英. 碳汇功能的设施蔬菜生态补偿机制 [J]. 西北农林科技大学学报（社会科学版），2016，16（2）：79-86.

[76] 宋文质，王少彬，苏维瀚，等. 我国农田土壤的主要温室气体 CO_2、CH_4 和 N_2O 排放研究 [J]. 环境科学，1996（1）：85-88，92.

[77] 苏向辉，孙挺，王保力，等. 新疆棉农低碳生产行为及其影响因素分析——以化肥施用为例 [J]. 中国农业资源与区划，2017，38（8）：43-48.

[78] 苏洋，马惠兰，李凤. 新疆农牧业碳排放及其与农业经济增长

的脱钩关系研究 [J]. 干旱区地理，2014，37 (5)：1047 – 1054.

[79] 孙英彪，苏雄志，许睥. 河北省耕地集约利用水平与碳排放效率的相关性 [J]. 农业工程学报，2016，32 (19)：258 – 267.

[80] 谭秋成. 中国农业温室气体排放：现状及挑战 [J]. 中国人口·资源与环境，2011，21 (10)：69 – 74.

[81] 田伟，杨璐嘉，姜静. 低碳视角下中国农业环境效率的测算与分析——基于非期望产出的 SBM 模型 [J]. 中国农村观察，2014 (4)：59 – 71，95.

[82] 田云，陈池波. 中国碳减排成效评估、后进地区识别与路径优化 [J]. 经济管理，2019，41 (6)：22 – 37.

[83] 田云，李波，张俊飚. 我国农地利用碳排放的阶段特征及因素分解研究 [J]. 中国地质大学学报（社会科学版），2011，11 (1)：59 – 63.

[84] 田云. 认知程度、未来预期与农户农业低碳生产意愿——基于武汉市农户的调查数据 [J]. 华中农业大学学报（社会科学版），2019 (1)：77 – 84，16.

[85] 田云，张俊飚，陈池波. 中国低碳农业发展的空间异质性及影响机理研究 [J]. 中国地质大学学报（社会科学版），2016，16 (4)：33 – 44，156.

[86] 田云，张俊飚，丰军辉，等. 中国种植业碳排放与其产业发展关系的研究 [J]. 长江流域资源与环境，2014，23 (6)：781 – 791.

[87] 田云，张俊飚，何可，等. 农户农业低碳生产行为及其影响因素分析——以化肥施用和农药使用为例 [J]. 中国农村观察，2015 (5)：61 – 70.

[88] 田云，张俊飚，李波. 基于投入角度的农业碳排放时空特征及因素分解研究——以湖北省为例 [J]. 农业现代化研究，2011，32 (6)：752 – 755.

[89] 田云，张俊飚，李波. 中国农业碳排放研究：测算、时空比较及脱钩效应 [J]. 资源科学，2012，34 (11)：2097 – 2105.

[90] 田云，张俊飚. 中国农业生产净碳效应分异研究 [J]. 自然资源学报，2013，28 (8)：1298 – 1309.

［91］田云，张俊飚．中国省级区域农业碳排放公平性研究［J］．中国人口·资源与环境，2013，23（11）：36-44.

［92］田云，张银岭．中国农业碳减排成效评估、目标重构与路径优化研究［J］．干旱区资源与环境，2019，33（12）：1-7.

［93］田云．中国低碳农业发展：生产效率、空间差异与影响因素研究［D］．华中农业大学博士论文，2015.

［94］田中华，杨泽亮，蔡睿贤．广东省能源消费碳排放分析及碳排放强度影响因素研究［J］．中国环境科学，2015，35（6）：1885-1891.

［95］王长建，汪菲，张虹鸥．新疆能源消费碳排放过程及其影响因素——基于扩展的 Kaya 恒等式［J］．生态学报，2016，36（8）：2151-2163.

［96］王格玲，陆迁．意愿与行为的悖离：农村社区小型水利设施农户合作意愿及合作行为的影响因素分析［J］．华中科技大学学报（社会科学版），2013，27（3）：68-75.

［97］王剑，薛东前，马蓓蓓，等．西北5省耕地集约利用与农业碳排放时空耦合关系研究［J］．环境科学与技术，2019，42（1）：211-217.

［98］王剑，薛东前，宋永永，等．基于农地利用的黄土高原碳排放变化及预测研究［J］．资源开发与市场，2018，34（9）：1250-1255.

［99］王劼，朱朝枝．农业部门碳排放效率的国际比较及影响因素研究——基于32个国家1995—2011年的数据研究［J］．生态经济，2018，34（7）：25-32.

［100］王敬国．农业生态系统和大气间的温室效应气体交换［J］．环境科学，1993（2）：49-53，95.

［101］王珊珊，张广胜．农户低碳生产行为评价指标体系构建及应用［J］．农业现代化研究，2016，37（4）：641-648.

［102］王松良，Caldwell C D，祝文烽．低碳农业：来源、原理和策略［J］．农业现代化研究，2010，31（5）：604-607.

［103］王小彬，武雪萍，赵全胜，等．中国农业土地利用管理对土壤固碳减排潜力的影响［J］．中国农业科学，2011，44（11）：2284-2293.

［104］王修兰．CO_2、气候变化与农业［M］．北京：气象出版社，

1996.

[105] 王勇，程瑜，杨光春，等．2020 和 2030 年碳强度目标约束下中国碳排放权的省区分解 [J]．中国环境科学，2018，38（8）：3180 - 3188.

[106] 王正淑，王继军，刘佳．基于碳汇的县南沟流域退耕林地补偿标准研究 [J]．自然资源学报，2016，31（5）：779 - 788.

[107] 吴昊玥，何艳秋，陈柔．中国农业碳排放绩效评价及随机性收敛研究——基于 SBM - Undesirable 模型与面板单位根检验 [J]．中国生态农业学报，2017，25（9）：1381 - 1391.

[108] 吴金凤，王秀红．不同农业经济发展水平下的碳排放对比分析——以盐池县和平度市为例 [J]．资源科学，2017，39（10）：1909 - 1917.

[109] 吴立军，李文秀．基于公平视角下的中国地区碳生态补偿研究 [J]．中国软科学，2019（4）：184 - 192.

[110] 吴贤荣，张俊飚，程琳琳，等．中国省域农业碳减排潜力及其空间关联特征——基于空间权重矩阵的空间 Durbin 模型 [J]．中国人口·资源与环境，2015，25（6）：53 - 61.

[111] 吴贤荣，张俊飚，程文能．中国种植业低碳生产效率及碳减排成本研究 [J]．环境经济研究，2017，2（1）：57 - 69.

[112] 吴贤荣，张俊飚，田云，等．中国省域农业碳排放：测算、效率变动及影响因素研究——基于 DEA - Malmquist 指数分解方法与 Tobit 模型运用 [J]．资源科学，2014，36（1）：129 - 138.

[113] 吴贤荣．中国低碳农业发展绩效研究与减排政策设计 [D]．华中农业大学博士论文，2017.

[114] 徐婵娟，陈儒，姜志德．外部冲击、风险偏好与农户低碳农业技术采用研究 [J]．科技管理研究，2018，38（14）：248 - 257.

[115] 徐新华，姜虹，吴强，等．江浙沪地区农业生产中温室气体排放研究 [J]．农业环境保护，1997（1）：24 - 26，48.

[116] 许广月．中国低碳农业发展研究 [J]．经济学家，2010（10）：72 - 78.

[117] 许恒周，殷红春，郭玉燕．我国农地非农化对碳排放的影响及区域差异——基于省际面板数据的实证分析 [J]．财经科学，2013（3）：75 - 82.

[118] 许增巍，姚顺波，苗珊珊．意愿与行为的悖离：农村生活垃圾集中处理农户支付意愿与支付行为影响因素研究 [J]．干旱区资源与环境，2016，30（2）：1 - 6.

[119] 颜廷武，田云，张俊飚，等．中国农业碳排放拐点变动及时空分异研究 [J]．中国人口·资源与环境，2014，24（11）：1 - 8.

[120] 杨红娟，徐梦菲．少数民族农户低碳生产行为影响因素分析 [J]．经济问题，2015（6）：90 - 94.

[121] 杨钧．农业技术进步对农业碳排放的影响——中国省级数据的检验 [J]．软科学，2013，27（10）：116 - 120.

[122] 杨璐，李夏菲，于书霞，等．湖北省猪粪管理温室气体减排潜力分析 [J]．资源科学，2016，38（3）：557 - 564.

[123] 杨庆媛．土地利用变化与碳循环 [J]．中国土地科学，2010，24（10）：7 - 12.

[124] 杨小杰，杜受祜．碳汇贸易的补偿机制研究——以川西北草原碳汇项目为例 [J]．西南民族大学学报（人文社会科学版），2013，34（1）：162 - 165.

[125] 姚成胜，钱双双，李政通，等．黑龙江省农业碳排放、科技投入与经济增长关系研究 [J]．中国农业资源与区划，2017，38（8）：8 - 15.

[126] 游和远，吴次芳．农地集约利用的碳排放效率分析与低碳优化 [J]．农业工程学报，2014，30（2）：224 - 234.

[127] 于金娜，姚顺波．基于碳汇效益视角的最优退耕还林补贴标准研究 [J]．中国人口·资源与环境，2012，22（7）：34 - 39.

[128] 余威震，罗小锋，李容容，等．绿色认知视角下农户绿色技术采纳意愿与行为悖离研究 [J]．资源科学，2017，39（8）：1573 - 1583.

[129] 岳柳青，刘咏梅，陈倩．C2C模式下消费者对农产品质量信号信任及影响因素研究——基于有序Logistic模型的实证分析 [J]．南京农业大学学报（社会科学版），2017，17（2）：113 - 122.

［130］曾大林，纪凡荣，李山峰．中国省际低碳农业发展的实证分析
［J］．中国人口·资源与环境，2013，23（11）：30－35．

［131］曾以禹，吴柏海，周彩贤，等．碳交易市场设计支持森林生态
补偿研究［J］．农业经济问题，2014，35（6）：67－76．

［132］张灿强，王莉，华春林，等．中国主要粮食生产的化肥削减潜
力及其碳减排效应［J］．资源科学，2016，38（4）：790－797．

［133］张广胜，王珊珊．中国农业碳排放的结构、效率及其决定机制
［J］．农业经济问题，2014，35（7）：18－26，110．

［134］张巍．碳补偿视角下陕西省重点生态功能区可持续发展模式
［J］．当代经济，2018（9）：62－64．

［135］张伟，朱启贵，李汉文．能源使用、碳排放与我国全要素碳减
排效率［J］．经济研究，2013，48（10）：138－150．

［136］张哲晰，穆月英．产业集聚能提高农业碳生产率吗？［J］．中国
人口·资源与环境，2019，29（7）：57－65．

［137］张志高，袁征，李贝歌，等．基于投入视角的河南省农业碳排
放时空演化特征与影响因素分解［J］．中国农业资源与区划，2017，38
（10）：152－161．

［138］赵其国，黄国勤，钱海燕．低碳农业［J］．土壤，2011，43
（1）：1－5．

［139］赵荣钦，张帅，黄贤金，等．中原经济区县域碳收支空间分异
及碳平衡分区［J］．地理学报，2014，69（10）：1425－1437．

［140］赵先超，宋丽美．湖南省农地利用碳排放与农业经济关系研究
［J］．生态与农村环境学报，2018，34（11）：976－981．

［141］赵玉凤．基于制度视角的我国低碳农业发展影响因素研究［D］．
四川农业大学博士论文，2012．

［142］郑军．农民参与创业培训意愿影响因素的实证分析——基于对
山东省的调查［J］．中国农村观察，2013（5）：34－45，96．

［143］郑远红．低碳经济视角下我国农业现代化发展路径创新［J］．
农业现代化研究，2014，35（3）：263－267．

［144］郑远红．国外低碳农业财税政策实践研究［J］．世界农业，

2014（6）：99 – 103.

[145] 周晶，青平，颜廷武. 技术进步、生产方式转型与中国生猪养殖温室气体减排 [J]. 华中农业大学学报（社会科学版），2018（4）：38 – 45，167.

[146] 朱丽娟，刘青. 气候变化背景下美国发展低碳农业的经验借鉴 [J]. 世界农业，2012（8）：1 – 4.

[147] 朱玲，周科. 低碳农业经济指标体系构建及对江苏省的评价 [J]. 中国农业资源与区划，2017，38（5）：180 – 186.

[148] 朱宁，曹博，秦富. 基于化肥削减潜力及碳减排的小麦生产效率 [J]. 中国环境科学，2018，38（2）：784 – 791.

[149] 朱亚红，马燕玲，陈秉谱. 甘肃省农地利用碳排放测算及影响因素研究 [J]. 农业现代化研究，2014，35（2）：248 – 252.

[150] 朱宇恩，孟繁健，王云，等. 农业生物质炭固碳潜力及经济效益分析——以山西省为例 [J]. 自然资源学报，2017，32（12）：2115 – 2124.

[151] ACIL Tasman Pty Ltd. *Agriculture and GHG Mitigation Policy：Options in Addition to the GPRS* [M]. New South Wales：Industry & Investment NSW，2009.

[152] Baker J M, Griffis T J. Examining strategies to improve the carbon balance of corn/soybean agriculture using eddy covariance and mass balance techniques [J]. *Agricultural and Forest Meteorology*，2005，128（3 – 5）：163 – 177.

[153] Bamminger C, Zaiser N, Zinsser P, et al. Effects of biochar, earthworms, and litter addition on soil microbial activity and abundance in a temperate agricultural soil [J]. *Biology and Fertility of Soils*，2014，50（8）：1189 – 1200.

[154] Cai T Y, Yang D G, Zhang X H, et al. Study on the vertical linkage of greenhouse gas emission intensity change of the animal husbandry sector between China and its provinces [J]. *Sustainability*，2018，10（7）：2492 – 2499.

[155] Carauta M, Latynskiy E, Mossinger J. Can preferential credit pro-

grams speed up the adoption of low-carbon agricultural systems in Mato Grosso, Brazil? Results from bioeconomic microsimulation [J]. *Regional Environmental Change*, 2018, 18 (1): 117 – 128.

[156] Carlos J, Lal R, Lorenz K, et al. Low-carbon agriculture in South America to mitigate global climate change and advance food security [J]. *Environment International*, 2017, 98: 102 – 112.

[157] Cayuela M L, Zwieten L V, Singh B P, et al. Biochar's role in mitigating soil nitrous oxide emissions: a review and meta-analysis [J]. *Agriculture, Ecosystems & Environment*, 2014, 191 (S1): 5 – 16.

[158] Chen L, Ma J. Research on the mechanism of cross regional grassland carbon sink compensation [C]. International Conference on Intelligent Control and Computer Application, 2016: 273 – 277.

[159] Franks J R, Hadingham B. Reducing greenhouse gas emissions from agriculture: Avoiding trivial solutions to a global problem [J]. *Land Use Policy*, 2012 (29): 727 – 736.

[160] Garbach K, Lubell M, Declerck F. Payment for Ecosystem Services: The roles of positive incentives and information sharing in stimulating adoption of silvopastoral conservation practices [J]. *Agriculture Ecosystems & Environment*, 2012, 156 (8): 27 – 36.

[161] Gibbs H K, Ruesch A S, Achard F, et al. Tropical forests were the primary sources of new agricultural land in the 1980s and 1990s [J]. *Proceedings of the National Academy of Sciences*, 2010, 107 (38): 16732 – 16737.

[162] Grace P R, Antle J, Aggarwal P K, et al. Soil carbon sequestration rates and associated economic costs for farming systems of south-eastern Australia [J]. *Australian Journal of Soil Research*, 2012, 146 (1): 137 – 146.

[163] Han H B, Zhong Z Q, Guo Y, et al. Coupling and decoupling effects of agricultural carbon emissions in China and their driving factors [J]. *Environmental Science and Pollution Research*, 2018, 25 (25): 25280 – 25293.

[164] Jennifer A Burney, Steven J Davis, David B Lobell. Greenhouse

gas mitigation by agricultural intensification [J]. *PNAS*, 2010, 107 (26): 12052 – 12057.

[165] John L F, Paul T, Simon J S, et al. Agricultural residue gasification for low-cost, low-carbon decentralized power: An empirical case study in Cambodia [J]. *Applied Energy*, 2016, 177 (9): 612 – 624.

[166] Johnson J M F, Franzluebbers A J, Weyers S L. Agricultural opportunities to mitigate greenhouse gas emissions [J]. *Environmental Pollution*, 2007, 150 (1): 107 – 124.

[167] Khorramdel S, Koochek A, Mahallati M N, et al. Evaluation of carbon sequestration potential in corn fields with different management systems [J]. *Soil & Tillage Research*, 2013, 133 (5): 25 – 31.

[168] Lal R. Carbon emission from farm operations [J]. *Environmental International*, 2004, 30 (7): 981 – 990.

[169] Norse D. Low carbon agriculture: objectives and policy pathways [J]. *Environmental Development*, 2012 (1): 25 – 39.

[170] Owusu P A, Asumadu – Sarkodie S. Is there a causal effect between agricultural production and carbon dioxide emissions in Ghana? [J]. *Environmental Engineering Research*, 2017, 22 (1): 40 – 54.

[171] Regina K, Alakukku L. Greenhouse gas fluxes in varying soils types under conventional and no-tillage practices [J]. *Soil and Tillage Research*, 2010, 109 (2): 144 – 152.

[172] Singh V K, Yadvinder – Singh, Dwivedi B S, et al. Soil physical properties, yield trends and economics after five years of conservation agriculture based rice-maize system in north-western India [J]. *Soil and Tillage Research*, 2016, 155 (S1): 133 – 148.

[173] Suddick E C, Scow K M, Horwath W R, et al. The potential for California agricultural crop soils to reduce greenhouse gas emissions: a holistic evaluation [J]. *Advances in Agronomy*, 2010, 107: 123 – 162.

[174] Tian Y, Zhang J B, He Y Y. Research on Spatial – Temporal Driving Factor of Agricultural Carbon Emissions in China [J]. *Journal of Integrative*

Agriculture, 2014 (6): 1393 – 1403.

[175] West. T O, Marland G. A Synthesis of Carbon Sequestration, Carbon Emissions, and Net Carbon Flux in Agriculture: Comparing Tillage Practices in the United States [J]. *Agriculture, Ecosystems and Environment*, 2002, 91 (1 –3): 217 –232.

[176] Wisniewski P, Kistowski M. Assessment of greenhouse gas emissions from agricultural sources in order to plan for needs of low carbon economy at local level in Poland [J]. *Geografisk Tidsskrift – Danish Journal of Geography*, 2018, 118 (2): 123 –136.

[177] Woomer P L, Tieszen L L, Tappan G. Land use change and terrestrial carbon stocks in Senegal [J]. *Journal of Arid Environments*, 2004, 59 (3): 625 –642.

[178] Xiong C, Yang D, Huo J, et al. Agricultural net carbon effect and agricultural carbon sink compensation mechanism in Hotan prefecture, China [J]. *Polish Journal of Environmental Studies*, 2017, 26 (1): 365 –373.

[179] Zornoza R, Rosales R M, Acosta J A, et al. Efficient irrigation management can contribute to reduce soil CO_2 emissions in agriculture [J]. *Geoderma*, 2016, 263 (2): 70 –77.